阜阳职业技术学院
国家骨干高职院校建设项目成果
数控技术专业系列教材编委会

主　　任	田　莉　李　平
副 主 任	杨　辉　徐　力　王子彬
委　　员	万海鑫　许光彬　王　宣
	戴永明　刘志达　张宣升
	张　伟　亓　华　刘青山
	任文涛　张朝国　黄东宇
特邀委员	衡传富（阜阳轴承有限公司）
	王子彬（安徽临泉智创精机有限公司）
	靳培军（阜阳华峰精密轴承有限公司）

阜阳职业技术学院 国家骨干高职院校建设项目成果

机械加工实训

主　编　刘青山　张朝国

副主编　任文涛　侍红队

编写人员（以姓氏笔画为序）

马成虎　王　宣　付新武

任文涛　刘青山　张朝国

侍红队　崔　刚　戴永明

中国科学技术大学出版社

内 容 简 介

本书的编写思路是:以培养学生职业能力为主线,建立课程体系;以工作过程为导向,打破学科体系;落实理论与实践一体化教学方式,共编写了钳工、车工、铣工、磨工和数控车工等5个学习项目。每个项目都以工作任务的工作过程为引导,以适应分层次教学和阶段教学的发展趋势。简化原理阐述,删除繁琐计算。

本书不仅可以满足高职高专院校模具设计与制造专业、机电一体化专业、机械设计与自动化专业、数控技术专业的教学需要,同时也可以作为有关工程技术人员的培训教材。

图书在版编目(CIP)数据

机械加工实训/刘青山,张朝国主编. —合肥:中国科学技术大学出版社,2014.12
ISBN 978-7-312-03614-9

Ⅰ. 机… Ⅱ. ①刘… ②张… Ⅲ. 金属切削—高等学校—教材 Ⅳ. TG5

中国版本图书馆 CIP 数据核字(2014)第 284625 号

出版	中国科学技术大学出版社
	安徽省合肥市金寨路96号,230026
	http://press.ustc.edu.cn
印刷	安徽省瑞隆印务有限公司
发行	中国科学技术大学出版社
经销	全国新华书店
开本	787 mm×1092 mm 1/16
印张	11.5
字数	280 千
版次	2014年12月第1版
印次	2014年12月第1次印刷
定价	22.00 元

总 序

邹 斌

（阜阳职业技术学院院长、第四届黄炎培职业教育杰出校长）

职业院校最重要的功能是向社会输送人才，学校对于服务区域经济和社会发展的重要性和贡献度，是通过毕业生在社会各个领域所取得的成就来体现的。

阜阳职业技术学院从1998年改制为职业院校以来，迅速成为享有较高声誉的职业学院之一，主要就是因为她培养了一大批德才兼备的优秀毕业生。他们敦品励行、技强业精，为区域经济和社会发展做出了巨大贡献，为阜阳职业技术学院赢得了"国家骨干高职院校"的美誉。阜阳职业技术学院迄今已培养出近3万名毕业生，有的成为企业家，有的成为职业教育者，还有更多人成为企业生产管理一线的技术人员，他们都是区域经济和社会发展的中坚力量。

2012年阜阳职业技术学院被列为国家百所骨干高职院校建设单位，学校通过校企合作，推行了计划双纲、管理双轨、教育"双师"、效益双赢，人才共育、过程共管、成果共享、责任共担的"四双四共"运行机制。在建设中，不断组织校企专家对建设成果进行总结与凝练，收获了一系列教学改革成果。

为反映阜阳职业技术学院的教学改革和教材建设成果，我们组织一线教师及行业专家编写了这套"国家骨干院校建设项目成果系列丛书"。这套丛书结合SP-CDIO人才培养模式，把构思（Conceive）、设计（Design）、实施（Implement）、运作（Operate）等过程与企业真实案例相结合，体现专业技术技能（Skill）培养、职业素养（Professionalism）形成与企业典型工作过程相结合。经过同志们的通力合作，并得到阜阳轴承有限公司等合作企业的大力支持，这套丛书于2014年9月起陆续完稿。我觉得这项工作很有意义，期望这些成果在职业教育的教学改革中发挥出引领与示范作用。

成绩属于过去，辉煌须待开创。在学校未来的发展中，我们将依然牢牢把握育人是学校的第一要务，在坚守优良传统的基础上，不断改革创新，提高教育教学质量,培养造就更多更好的技术技能人才,为区域经济和社会发展做出更大贡献。

我希望丛书中的每一本书,都能更好地促进学生职业技术技能的培养,希望这套丛书越编越好,为广大师生所喜爱。

是为序。

2014 年 10 月

前　　言

本书是结合作者多年的实际加工经验和教学经验,结合机械加工教学发展新形势的需要,并参考了众多机械加工教材及技术文献编写而成的。

"机械加工实训"是高等工科院校机械类和机电类各专业的必修技术基础课程,是从事机械类、机电类生产行业人员必须掌握的技术基础知识和基本技能。它主要包含机械加工和金属切削钳工、车工、铣工、磨工和数控车床等基本知识,涉及机械产品及零部件的加工、工艺设计、维修和质量控制等多方面问题,在生产一线有着广泛的使用性。

本书的编写以多所院校课程改革为基础,汲取众多同类教材的优点,突出高职及中职的培养特色,理论遵循以应用为主的原则,体现重点突出、实用为主、够用为度的原则,专业知识突出针对性、实用性和应用性。本书主要特点如下:

(1) 内容全面、结构完整。

全书在编写之际,广泛地考察了各校应用性学生的实习实训,本着"实用、适用、先进"的编写原则和"通俗、精练、可操作"的编写风格进行介绍和说明。在内容详实的基础上,突出实用性,使学生更好地适应社会的需求。

(2) 特色性强、编写新颖。

系统性强。本书与各个专业教材联系密切,符合各个学校的课程体系设置,可以为学生构建一个牢固的知识体系。

层次性强。各章节的编写严格按照由浅入深、循序渐进的原则,重点、难点突出,可以提高学生的学习效率。

实践性强。本书重点培养学生的实际操作能力,根据机械类、机电类专业的实际要求,最大限度地将理论运用于实践。

(3) 化繁为简、突出基础。

在内容上删去了深奥难懂的工艺理论,突出了基础理论知识。以讲清概念、够用为度。注重理论和生产实践的相互联系,以强化应用和加强实训为重点,突出对应用能力的培养。

本书由阜阳职业技术学院刘青山、张朝国担任主编,由阜阳职业技术学院任文涛和阜阳轴承有限公司侍红队担任副主编。参加编写的还有阜阳职业技术学院戴永明、马成虎、王宣,江淮汽车有限公司付新武,阜阳拖拉机制造有限公司崔刚。

  本书参考了大量的文献资料，但难免会有疏漏，敬请诸位学者谅解。在此，我们向参考过的中外文献的作者表示诚挚的谢意。

编 者

2014 年 9 月

目　　录

总序 …………………………………………………………………………… Ⅰ
前言 …………………………………………………………………………… Ⅲ

项目 1　钳工 …………………………………………………………………… 1
　1.1　钳工基础知识 …………………………………………………………… 1
　1.2　钳工工作台和台虎钳 …………………………………………………… 6
　　1.2.1　钳工工作台 ………………………………………………………… 6
　　1.2.2　台虎钳 ……………………………………………………………… 6
　1.3　划线 ……………………………………………………………………… 8
　　1.3.1　划线的作用 ………………………………………………………… 8
　　1.3.2　划线的要求 ………………………………………………………… 8
　　1.3.3　平面和立体划线时基准线的确定 ………………………………… 9
　　1.3.4　划线工具 …………………………………………………………… 10
　　1.3.5　划线方法 …………………………………………………………… 11
　1.4　锯削 ……………………………………………………………………… 12
　　1.4.1　锯削的工具 ………………………………………………………… 12
　　1.4.2　锯割操作方法 ……………………………………………………… 13
　　1.4.3　各种材料的锯削方法 ……………………………………………… 15
　1.5　锉削 ……………………………………………………………………… 16
　　1.5.1　锉削工具 …………………………………………………………… 16
　　1.5.2　锉削方法 …………………………………………………………… 18
　　1.5.3　锉削操作的注意事项 ……………………………………………… 20
　1.6　孔加工 …………………………………………………………………… 21
　　1.6.1　孔加工设备 ………………………………………………………… 21
　　1.6.2　孔加工工具 ………………………………………………………… 22

1.6.3 钻孔的方法 ·· 23
1.6.4 扩孔、铰孔和锪孔 ·· 25
1.7 攻螺纹和套螺纹 ··· 27
1.7.1 螺纹的加工工具 ·· 27
1.7.2 攻螺纹的方法 ·· 28
1.7.3 套螺纹的方法 ·· 29
1.8 刮削和研磨 ··· 31
1.8.1 刮削 ·· 31
1.8.2 研磨 ·· 34
1.9 錾削 ·· 36
1.9.1 錾削工具 ··· 36
1.9.2 錾削方法 ··· 37
思考与练习 ·· 38

项目 2 车削加工 ·· 39
2.1 车床 ·· 39
2.2 卧式车床 ··· 40
2.2.1 卧式车床 ··· 40
2.2.2 卧式车床的传动系统 ··· 43
2.3 车刀 ·· 44
2.3.1 车刀的种类与组成 ··· 44
2.3.2 车刀的几何角度与作用 ··· 45
2.3.3 车削加工参数的确定方法 ·· 46
2.3.4 刀具材料及刃磨方法 ··· 47
2.4 工件的装夹与车床附件 ·· 49
2.4.1 工件的装夹 ··· 49
2.4.2 车床附件 ··· 52
2.5 车床安全操作技术及操作要点 ··· 53
2.5.1 安全操作技术 ·· 53
2.6 车削加工 ··· 55

2.6.1 车外圆	55
2.6.2 车台阶	55
2.6.3 车端面	56

2.7 孔加工 ··· 57
2.7.1 钻孔 ··· 57
2.7.2 车内孔 ··· 58
2.7.3 孔深与孔径的控制和测量 ··· 59
2.7.4 扩孔 ··· 59
2.7.5 铰孔 ··· 60

2.8 切槽与切断 ··· 60
2.8.1 切槽 ··· 60
2.8.2 切断 ··· 61

2.9 车圆锥面 ··· 62
2.9.1 圆锥的种类 ··· 62
2.9.2 车圆锥面的方法 ··· 62
2.9.3 车圆锥面的操作要点 ··· 64
2.9.4 圆锥面的检测方法 ··· 64

2.10 车螺纹和滚花 ··· 65
2.10.1 车螺纹 ··· 65
2.10.2 螺纹各部分的名称及尺寸计算 ··· 66
2.10.3 车三角螺纹 ··· 66
2.10.4 滚花 ··· 69

思考与练习 ··· 70

项目3 铣削加工 ··· 71
3.1 铣削加工实习安全须知 ··· 71
3.1.1 铣削安全操作规程 ··· 71
3.1.2 文明生产的基本要求 ··· 72

3.2 铣床概述 ··· 72
3.2.1 铣削加工的范围 ··· 72

3.2.2 铣削的加工精度 ………………………………………………………… 72
3.2.3 铣削加工工艺特点 ……………………………………………………… 72
3.3 铣床及铣刀 …………………………………………………………………… 74
3.3.1 常用铣床和基本部件 …………………………………………………… 74
3.3.2 常用铣床的基本操作 …………………………………………………… 76
3.3.3 铣刀 ……………………………………………………………………… 78
3.3.4 铣床常用附件 …………………………………………………………… 80
3.4 铣削工艺 ……………………………………………………………………… 82
3.4.1 铣削用量 ………………………………………………………………… 82
3.4.2 铣削方式 ………………………………………………………………… 83
3.5 工件的装夹和基本型面的加工 ……………………………………………… 85
3.5.1 工件的装夹 ……………………………………………………………… 85
3.5.2 基本型面的加工 ………………………………………………………… 86
3.6 铣削实例 ……………………………………………………………………… 90
3.6.1 铣刀及铣削方式的选择 ………………………………………………… 90
3.6.2 铣削步骤 ………………………………………………………………… 91
思考与练习 ………………………………………………………………………… 92

项目 4 磨削加工 ………………………………………………………………… 94
4.1 磨削加工实习安全须知 ……………………………………………………… 94
4.1.1 磨削安全操作规程 ……………………………………………………… 94
4.1.2 文明生产的基本要求 …………………………………………………… 95
4.2 磨床概述 ……………………………………………………………………… 96
4.3 砂轮 …………………………………………………………………………… 96
4.3.1 砂轮的结构及特性 ……………………………………………………… 96
4.3.2 砂轮的平衡、安装与修整 ……………………………………………… 99
4.4 磨床及其工作 ………………………………………………………………… 101
4.4.1 平面磨床及其工作 ……………………………………………………… 101
4.4.2 外圆磨床及其工作 ……………………………………………………… 104
4.4.3 内圆磨床及其工作 ……………………………………………………… 106

4.5 磨削实例 …… 107
思考与练习 …… 108

项目5 数控加工 …… 109

5.1 数控加工实习安全须知 …… 109
5.1.1 一般注意事项 …… 109
5.1.2 机床起动时的注意事项 …… 110
5.1.3 调整程序时应注意的事项 …… 110
5.1.4 机床运转中的注意事项 …… 110
5.1.5 作业完毕时的注意事项 …… 110

5.2 数控车床概述 …… 110
5.2.1 数控加工及其特点 …… 111
5.2.2 数控加工的主要应用对象分析 …… 111
5.2.3 数控加工技术主要内容 …… 112
5.2.4 数控机床技术 …… 113

5.3 数控机床的组成和分类 …… 115
5.3.1 数控机床的组成 …… 115
5.3.2 数控机床的分类 …… 117

5.4 数控车床的加工原理 …… 120
5.4.1 直线插补 …… 120
5.4.2 圆弧插补 …… 121

5.5 数控车床的操作 …… 121
5.5.1 数控车床的特点及组成 …… 122
5.5.2 数控车床的分类及用途 …… 122
5.5.3 数控机床的坐标系和运动方向的规定 …… 123
5.5.4 CKA6136数控车床主要技术参数 …… 124
5.5.5 数控车床的控制面板 …… 124
5.5.6 数控编程 …… 126

5.6 加工中心 …… 132

思考与练习 …… 134

测试题	135
1 钳工测试题	135
2 车工测试题	141
3 铣床测试题	148
4 磨床测试题	156
5 数控机床测试题	161

参考文献 ………………………………………………………………………… 170

项目 1 钳 工

教学目的

1. 正确使用常用的钳工设备,懂得常用工具的结构,熟练掌握其使用方法和调整方法。
2. 掌握钳工工作中的基本操作技能及相关理论。
3. 熟练掌握典型结构的装配工艺。
4. 钳工常用量具的认识及其使用方法。

教学内容

1. 划线、锯削、锉削、钻孔、扩孔、铰孔、锪孔、攻螺纹、套螺纹、刮削和研磨等。
2. 典型零部件的装配。

教学难点

1. 常用钳工工具、夹具、量具的正确使用。
2. 钳工工作时标准的工作姿势。

1.1 钳工基础知识

钳工是一项以手工操作为主的行业。在台虎钳上对金属材料进行加工,完成零件的制作,以及机器的装配、调试和维修的工种称为钳工。尽管随着现代工业的飞速发展,各种加工机械不断更新,机械加工的范围也不断扩展,但零件加工前的划线、加工后的装配、使用中的维护与维修,仍然都是通过钳工来完成的。因此,钳工操作也就成为机械维修、设备维护、安装以及模具制作等工艺中不可缺少的基本技能,在机械、电力、冶金、石油、化工等各个行业中,钳工都占有着重要的位置。钳工的基本操作技能包括划线、錾削、锉削、锯削、钻孔、锪孔、铰孔、攻螺纹、套螺纹、矫正与弯形、刮削、研磨,铆接以及基本测量技能和简单的热处理等。

钳工的基本操作项目繁多,各项技能的学习、掌握具有一定的依赖关系。因此,必须循序渐进、由易到难、由浅入深地学习和掌握各项操作。基本操作训练不是一项简单的体力劳动,而是技术知识、技能技巧和力量的结合,不能偏废任何一个方面。

钳工的常用量具有钢直尺、游标卡尺、高度游标卡尺、千分尺、百分表、万能角度尺等。具体介绍如下：

1. 钢直尺

钢直尺是最简单的长度量具，它的长度有 150 mm、300 mm、500 mm 和 1 000 mm 四种规格。如图 1.1 所示是常用的 150 mm 钢直尺。

图 1.1　150 mm 钢直尺

钢直尺用于测量零件的长度尺寸，它的测量结果不太准确。这是由于钢直尺的刻线间距为 1 mm，而刻线本身的宽度就有 0.1～0.2 mm，所以测量时读数误差比较大，只能读出毫米数，即它的最小读数值为 1 mm，比 1 mm 小的数值，只能估计而得。

2. 游标卡尺的使用

(1) 用途与规格

游标卡尺的主要用途有：测量工件的内尺寸、外尺寸、长度及深度尺寸，其测量精度可达到 0.05 mm、0.02 mm。游标卡尺的常用规格有：125 mm、150 mm、300 mm、500 mm、1 000 mm 等多种。

(2) 游标卡尺的结构

游标卡尺主要由尺身、刀口形的内、外量爪、尺框、游标和深度尺组成，如图 1.2 所示 0.02 mm 游标卡尺。

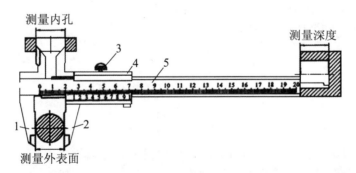

1—固定卡脚；2—活动卡脚；3—紧固螺钉；4—副尺；5—主尺

图 1.2　0.02 mm 游标卡尺

(3) 刻线原理

如图 1.3 所示，尺身上每小格为 1 mm，当两测量爪并拢时，尺身上的 49 mm 刻度线正好对准游标尺上的第 50 格的刻度线，则：

游标尺每格刻线间隔：49 mm ÷ 50 = 0.98 mm；

尺身与游标每格刻线间隔差为：1 mm − 0.98 mm = 0.02 mm。

(4) 读数方法

夹住工件，从刻度线的正面正视读数值；也可旋紧固定螺钉，将游标卡尺从工件上轻轻

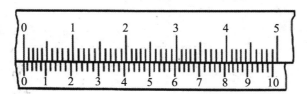

图 1.3　游标卡尺刻线原理

取下,再正视读数。先读出游标零线左面尺身上的毫米整数,再读出游标上哪一条刻线与主尺身刻线对齐,然后把主尺的整数与游标所示的小数值相加即为工件的测得尺寸值。

3. 高度游标卡尺

高度游标卡尺如图 1.4 所示,用于测量零件的高度和精密划线。它的结构特点是用质量较大的基座 4 代替固定量爪 5,而动的尺框 3 则通过横臂装有测量高度和划线用的量爪,量爪的测量面上镶有硬质合金,可提高量爪使用寿命。高度游标卡尺的测量工作,应在平台上进行。当量爪的测量面与基座的底平面位于同一平面时,如在同一平台平面上,主尺 1 与游标 6 的零线相互对准。所以在测量高度时,量爪测量面的高度,就是被测量零件的高度尺寸,它的具体数值,与游标卡尺一样可在主尺(整数部分)和游标(小数部分)上读出。应用高度游标卡尺划线时,调好划线高度,用紧固螺钉 2 把尺框锁紧后,也应在平台上进行先调整再进行划线。

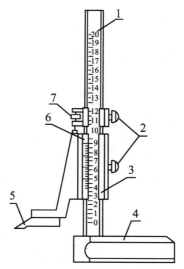

1—主尺;2—紧固螺钉;3—尺框;4—基座;5—量爪;6—游标;7—微动装置
图 1.4　高度游标卡尺

4. 千分尺的使用

(1) 用途与规格

千分尺的主要用途有:测量外圆尺寸、内孔尺寸等,其测量精度可达 0.01 mm。如图 1.5 所示。千分尺的量程范围:0～25 mm、25～50 mm、50～75 mm、75～100 mm、100～125 mm、125～150 mm、150～175 mm、175～200 mm 等。

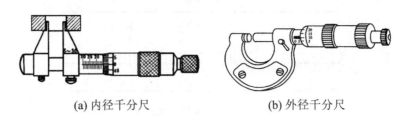

(a) 内径千分尺　　　　　　　(b) 外径千分尺

图1.5　千分尺

(2) 千分尺的结构

千分尺由尺架、测头、固定套筒、衬套、螺母、微分筒、测微螺杆、罩壳、弹簧、棘爪、棘轮、螺钉、手柄、隔热装置等部件组成。如图1.6所示。

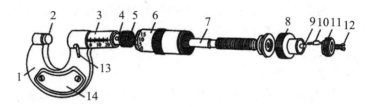

1-尺架；2-测头；3-固定套筒；4-衬套；5-螺母；6-微分筒；7-测微螺杆；
8-罩壳；9-弹簧；10-棘爪；11-棘轮；12-螺钉；13-手柄；14-隔热装置

图1.6　千分尺的结构

(3) 刻线原理

千分尺的螺杆螺距为0.5 mm,当活动套筒转1周时,螺杆移动0.5 mm。微分筒锥面圆周上共有50格,因此,当微分筒转动1格时,螺杆就移动0.01 mm。固定套筒有主尺刻线,每格间隔0.5 mm。

(4) 读数方法

① 读出微分筒边缘在固定套管主尺的毫米数和半毫米数。图1.7(a)所示的读数为6 mm,图1.7(b)所示的读数为35.5 mm。

② 观察微分筒上哪一格与固定套管上的基准线对齐,并读出微分筒的读数,计算出不足半毫米的数。图1.7(a)的读数为5×0.01 mm $= 0.05$ mm；图1.7(b)的读数为11×0.01 $= 0.11$ mm。

③ 把两个读数加起来就是测得的实际尺寸。

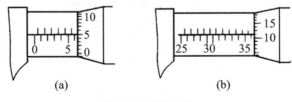

(a)　　　　　　　(b)

图1.7　读数方法

(5) 注意事项

① 测量前要检查测微螺杆的转动是否灵活并检查零线是否对齐。

② 量具保存时,必须使两测量面保持一点距离。

③ 大量测量时,为防止手传热影响测量精度,手应握在绝热部分或将千分尺安装在尺

座上进行测量。

④ 千分尺属于精密量具,应定期检查,校正零位。

5. 百分表的使用

(1) 用途与规格

百分表用于测量精密工件的几何形状及相互位置误差,也可用于比较测量工件的内、外径及长度尺寸。百分表的规格有 0~3 mm、0~5 mm、0~10 mm 等多种。

(2) 结构和传动原理

如图 1.8 所示,百分表的传动系统由齿轮、齿条等组成。测量时,当带有齿条的测量杆上升时,带动小齿轮 Z_2 转动,与 Z_2 同轴的大齿轮 Z_3 及小指针也跟着转动,而 Z_3 又带动小齿轮 Z_1 及其轴上的大指针偏转。游丝的作用是迫使所有齿轮做单向啮合,以消除因齿侧间隙而引起的测量误差。弹簧是用来控制测量力的。

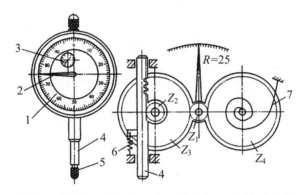

1-表盘;2-大指针;3-小指针;4-测量杆;5-测头;6-弹簧;7-游丝

图 1.8 百分表的结构

(3) 刻线原理

测量杆移动 1 mm 时,大指针正好转动一圈。在百分表的表盘上沿圆周刻有 100 个等分格,则其刻度值为 1 mm/100 = 0.01 mm。当大指针转过 1 格刻度时,表示零件尺寸变化 0.01 mm。该百分表的分度值为 0.01 mm。

6. 万能角度尺的使用

(1) 结构与用途

如图 1.9 所示为分度数值为 2′ 的万能角度尺。在它的扇形板 2 上刻有间隔 1° 的刻线。游标 1 固定在底板 5 上,它可以沿着扇形板转动。用夹紧块 8 可以把角尺 6 和直尺 7 固定在底板 5 上,从而使可测量角度的范围为 0°~320°。万能角度尺可用于测量精密零件和样板的内、外角度。

(2) 刻线原理

扇形板上刻有 120 格刻线,每格为 1°。游标上刻有 30 格刻线,每格刻线为 58′ 对应扇形板上的读数为 29°,则游标上每格度数 29°/30 = 58′;扇形板与游标每格角度相差为 1°- 58′ = 2′,如图 1.10 所示。

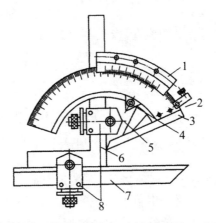

1—游标;2—扇形板;3—基尺;4—制动;5—底板;6—角尺;7—直尺;8—夹紧块

图 1.9 分度值为 2′ 的万能角度尺

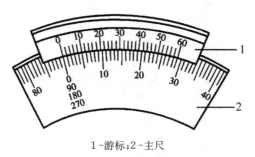

1—游标;2—主尺

图 1.10 万能角度尺的刻线原理

1.2 钳工工作台和台虎钳

1.2.1 钳工工作台

钳工工作台也称为钳工台或钳桌、钳台。钳台的高度为 800~900 mm，装上台虎钳后，钳口高度正好与人的肘部相齐为宜，其长度和宽度随工作需要而定。台面上装有台虎钳、安全网，也可放置平板和钳工工具等。钳台多为铁木结构，如图 1.11 所示，其主要作用是安装台虎钳和存放钳工常用工具、夹具和量具。

1.2.2 台虎钳

台虎钳是用来夹持工件的通用夹具，其规格是用钳口的宽度来表示，常用规格有 100 mm、125 mm 和 150 mm 等。

台虎钳有固定式和回转式两种，如图 1.12 所示。两者的主要结构和工作原理基本相同,如图1.13所示。其不同点是回转式台虎钳比固定式台虎钳多了一个底座,钳身可在底座上回转,根据工作的需要选定适当的位置。因此,回转式台虎钳使用方便,应用范围广,可满足不同方位的加工需要。

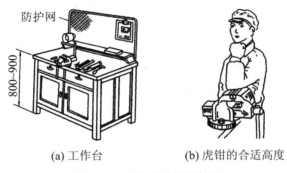

(a) 工作台　　(b) 虎钳的合适高度

图1.11　工作台和虎钳高度

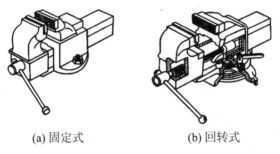

(a) 固定式　　(b) 回转式

图1.12　虎钳的类型

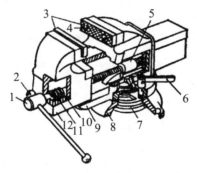

1—丝杠；2—手柄；3—钳口；4—钳口固定螺钉；5—丝杠螺母；6—夹紧螺钉；
7—夹紧盘；8—转座；9—固定钳身；10—挡圈；11—弹簧；12—活动钳身

图1.13　虎钳的结构

使用台虎钳的注意事项如下：
① 夹紧工件时要松紧适当,只能用手扳紧手柄,不得借助其他工具加力。
② 强力作业时,应尽量使力朝向固定钳身。
③ 禁止在活动钳身和光滑平面上敲击作业。
④ 对丝杠、螺母等活动表面应经常清洗、润滑,以防生锈。
⑤ 安装丝杠螺母时,不能一次旋紧固定螺钉,要等丝杠旋入螺母后,再旋紧固定螺钉。
⑥ 使用台虎钳夹工件时,不能在手柄上加套管、不能用锤子敲手柄和其固定螺母。

1.3 划　　线

根据图样或实物的尺寸,准确地在工件表面上划出加工界线的操作称为划线。划线可以确定零件加工面的位置与加工余量,给下一道工序划定加工的尺寸界线;还可以检查毛坯的质量,补救或处理不合格的毛坯,避免不合格毛坯流入加工中造成损失。划线分为平面划线和立体划线两种。

平面划线是指在工件的一个表面(即工件的二维坐标系内)上划线就能表示出加工界线的划线,如图 1.14 所示,如在板料上划线、在盘状工件端面上划线等。而立体划线是指在工件的几个不同表面(即工件的三维坐标系内)上划线才能明确表示出加工界线的划线,如图 1.15 所示,如在支架、箱体、曲轴等工件上划线。

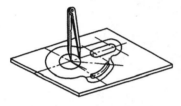

图 1.14　平面划线

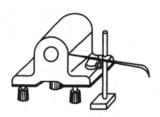

图 1.15　立体划线

1.3.1　划线的作用

在钳工实习操作中,加工工件的第一步是从划线开始的,所以划线精度是保障工件加工精度的前提,如果划线误差太大,会造成整个工件的报废。那么,划线就应该按照图纸的要求,在零件的表面上,准确地划出加工界线。

① 确定工件各待加工面的加工位置和加工余量。

② 检查毛坯的形状和尺寸是否符合要求,确定材料是合格、可以补救或不合格,以免造成材料浪费和后续加工工时浪费。

③ 当坯料上出现某些缺陷而误差不大时,往往可通过划线时所谓的"借料"方法,来实现可能的补救,以提高毛坯的合格率。

④ 在板料上按划线下料可以做到精打细算、合理排料,从而节约材料。

1.3.2　划线的要求

① 保证所划尺寸的正确性是最重要的。若划线错误,就会使加工出现废品。划线时,操作者必须仔细阅读图样,反复核对划线尺寸,及时纠正错误,减少误差。

② 尽量保证划线的精度。由于操作者的水平和受工、量具精度的限制,所划的尺寸界线会有一定的误差,因此工件的完工尺寸不能完全由划线确定,而应在加工过程中,通过测量以保证尺寸的准确性。线条应清晰均匀,定形、定位尺寸应准确。考虑到线条宽度等因

素,一般要求划线精度能达到 0.25～0.5 mm。

③ 正确地使用划线工具和测量量具,操作方法符合规范。

1.3.3 平面和立体划线时基准线的确定

1. 平面和立体划线时的基准形式

基准是反映被测要素的方向和位置的参考对象,通俗地说,就是用来确定工件上点、线、面的位置所依据的点、线、面。

平面划线时,一般只要确定好两个互相垂直的线条为基准线,就能把平面上所有形面的相互关系确定下来。根据工件形体的不同,组成平面上相互垂直的基准有三种形式:两条互相垂直的中心线;两个互相垂直的平面;一条中心线和一个与它垂直的平面,如图 1.16 所示。

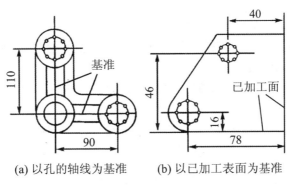

(a) 以孔的轴线为基准　　(b) 以已加工表面为基准

图 1.16　划线基准

立体划线时,零件或毛坯放置位置的合理选择十分重要,这关系到划线的质量和划线效率。一般较复杂的零件都要经过三次或三次以上的放置,才可能将全部线条划出,而其中特别要重视第一划线位置的选择。其选择原则如下:

① 第一划线位置的选择原则。优先选择如下表面:零件上主要的孔、凸台中心线所在面或重要的加工面,相互关系最复杂及所划线条最多的一组尺寸线所在面,零件中面积最大的一面。

② 第二划线位置的选择原则。要使主要的孔、凸台的另一中心线在第二划线位置划出。

③ 第三划线位置的选择原则。通常选择与第一和第二划线位置垂直的表面,一般是次要的、面积较小的、线条相互关系较简单且线条较少的表面。

2. 基准线的确定

图样上所用的基准称为设计基准,划线时所用的基准称为划线基准。划线基准与设计基准一致,并且划线时必须从基准线开始,也就是说先确定基准线的位置,然后再依次划其他形面的位置线和形状线,才能减少不必要的尺寸换算,使划线方便、准确。但是,在图样上有许多线条及相互位置尺寸,究竟哪个是设计基准呢? 由于设计基准总是工件主要形面的位置线或与其相关尺寸最多的线(面),或者是加工面,因此,只要根据工件形状及图样上的尺寸关系认真分析即可得出。

3. 划线基准的选择

① 尽量与设计基准重合。
② 对称形状的零件,应以对称中心线为划线基准。
③ 有孔或凸台的零件,应以主要孔或凸台的中心线为划线基准。
④ 未加工的毛坯件,应以主要的、面积较大的不加工面为划线基准。
⑤ 加工过的零件,应以加工后的较大表面为划线基准。

1.3.4 划线工具

熟悉并能正确使用划线工具是做好划线工作的前提。

1. 划线工具的种类

① 基准工具。划线时安放零件,利用其中一个或几个尺寸精度及形状位置精度较高的表面引导划线并控制划线质量的工具,称基准工具。常用的划线基准工具有平板、方箱、直角铁、活角铁、中心架、曲线板、万能划线台、过线台、V形铁等。

② 量具。划线中常用的量具有钢卷尺、金属钢直尺、游标高度尺、万能角度尺、游标卡尺、直角尺、角度规等。

③ 直接划线工具。直接划线工具是直接用来在工件上划线的工具。常用的直接划线工具有划针划规、单脚规、游标高度尺(既是量具又是直接划线工具)、样冲等。

2. 常用划线工具示例及名称

见表1.1。

表1.1 常用划线工具示例及名称

名称	示例	名称	示例	名称	示例
平板		样冲		划线盘	
划规		划针	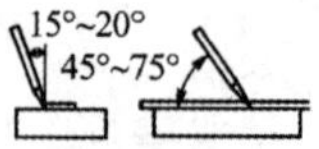	大尺寸划规	
方箱	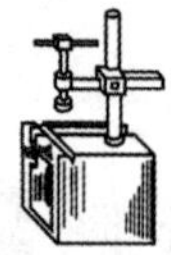	V形块	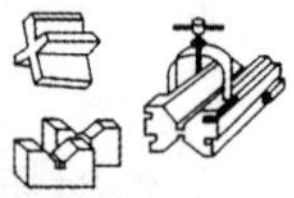	角铁	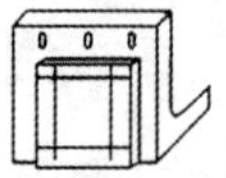

1.3.5 划线方法

1. 划线前的准备

① 清理。清除零件型砂,去除冒口、浇口和毛边、氧化皮,清洗油污。
② 塞孔。有孔工件要用木块或铅块塞孔,以便定中心划圆。
③ 涂色。在划线部位涂上颜色,以便划出的线条清晰可见。一般情况下,铸、锻件毛坯表面涂白石灰水;已加工表面涂酒精色溶液,有时也可涂粉笔灰。涂色要求薄而均匀,使划出的线条更清晰。

2. 划线操作

划线分平面划线和立体划线两种。平面划线是在工件的一个表面划线。立体划线是在工件的几个表面上划线。平面划线和机械制图的画图相似,所不同的是用钢板针和圆规等工具在金属工件上作图。轴承座的立体划线方法如图 1.17 所示注意工件支承平稳。同一面上的线条应在一次支承中划全,避免再次调节支承补划,否则容易产生误差。

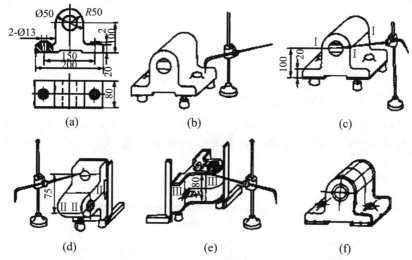

(a) 零件图;(b) 根据孔中心及工件上平面为基准,使工件水平;(c) 划底面加工线和孔水平中心线;
(d) 转 90°,用直尺找正,划螺纹孔中心线;(e) 再转 90°,用直尺找正,划螺钉孔及大端面加工线;(f) 打样冲眼

图 1.17 轴承座的划线方法

3. 安全注意事项

① 划针不要插在衣袋中,划线盘用完后应使划针处于直立状态,以保证安全和减少所占空间。
② 工具要合理放置,要把左手用的工具放在作业件的左边,右手用的工具放在作业件的右边,并要整齐、稳妥。
③ 任何工件在划线后,都必须作一次仔细地复检校对工作,避免出现差错。

1.4 锯　　削

锯削是指用锯对材料或工件进行切断或切槽。钳工的锯削是利用手锯对较小的材料和工件进行分割或切槽,如图 1.18 所示。

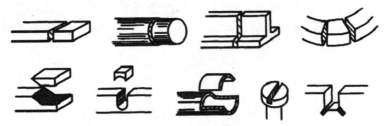

图 1.18　锯削的应用范围

1.4.1　锯削的工具

1. 锯弓

锯弓的作用是装夹并张紧锯条,以便于双手操作。锯弓有固定式和可调式两种,如图 1.19 所示。固定式锯弓只能使用单一规格的锯条;可调式锯弓因能调节长度,可以安装不同规格的锯条,使用十分方便。可调式锯弓的前端有一个固定夹头,后端有一个活动夹头,两个夹头上都有一个垂直短销,锯条则挂在两端的销子上,旋紧后端夹头上的蝶形螺母即可将锯条拉紧。

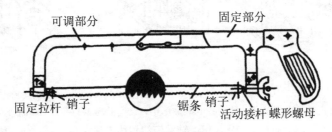

图 1.19　锯弓

2. 锯条

锯条的作用是直接锯削材料或工件,一般用碳素工具钢制造,经淬火处理,硬度较高,锯齿锋利,但性脆易断。锯条的长度规格以锯条两端安装孔之间的中心距离来表示,一般长为 150～400 mm,钳工最常用的是长为 300 mm、宽为 13 mm、厚为 0.6 mm 的锯条。锯条根据锯齿的牙距大小,有细齿(1.1 mm)、中齿(1.4 mm)、粗齿(1.8 mm)。使用时应根据所锯材料的软硬、厚薄来选用。锯割软材料(如紫铜、青铜、铝、铸铁、低碳钢和中碳钢等)且较厚的材料时应选用粗齿锯条;锯割硬材料或薄的材料(如工具钢、合金钢、各种管子、薄板料、角铁等)时应选用细齿锯条。一般地说,对锯割薄材料,在锯割截面上至少应有三个齿能同时参加锯割,这样才能避免锯齿被钩住或崩裂。

锯条的切削部分称为锯齿。锯齿制造时按一定规律左右错开,排列成一定的形状,称为锯路。锯路有交叉式和波浪式两种,如图1.20所示。锯路的作用是使锯缝的宽度大于锯条背部的厚度,这样在锯削时锯条才不会被锯缝卡阻,既利于排屑又利于散热和减小锯条的磨损。

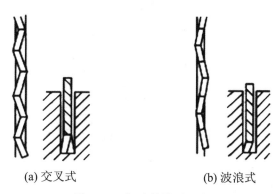

图1.20 锯路的排列形式

1.4.2 锯割操作方法

1. 锯条的安装

因为手锯在向前推进时进行切削,向后返回时不切削,所以锯条在锯弓中安装时具有方向性。安装时要使齿尖的方向朝前,此时前角为零,如图1.21(a)所示;如果装反了,则前角为负值,不能正常锯削,如图1.21(b)所示。锯条的安装松紧要适宜,松紧程度用蝶形螺母调整。若过紧,锯削时易折断;过松,则锯条会扭曲,也易折断,且锯缝易歪斜。

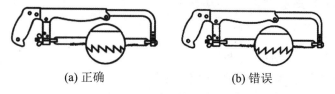

图1.21 锯条的安装方法

2. 工件的夹持

为了方便操作,工件一般被夹持在台虎钳的左侧,且伸出端应尽量短,锯削线应尽量靠近钳口,以防止工件在锯削过程中产生振动。

工件要牢固地夹持在台虎钳上,防止锯削时工件移动而使锯条折断。但对于薄壁件、管件及已加工表面,要防止因夹持太紧而使工件或表面变形。

3. 锯削姿势及锯削运动

正确适当的锯削姿势能减轻疲劳,提高工作效率。握锯时要自然舒展,右手握手柄,左手轻扶锯弓前端如图 1.22 所示。锯削时右腿伸直在后,左腿弯曲在前,身体向前倾斜,重心落在左脚上,两脚站稳不动,靠左膝的屈伸使身体做往复摆动。在起锯时身体稍向前倾,与竖直方向成 10°左右,此时右肘尽量向后收,如图 1.23(a)所示。随着推锯的行程增大,身体逐渐向前倾斜,如图 1.23(b)所示。行程达三分之二时,身体倾斜 18°左右,左右臂均向前伸出,如图 1.23(c)所示。当锯削最后三分之一行程时,用手腕推进锯弓,身体随着锯的反作用力退回到 15°位置,如图 1.23(d)所示。锯削行程结束后,取消压力,将手和身体都退回到最初位置。

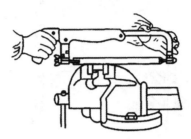

图 1.22 手锯的握法

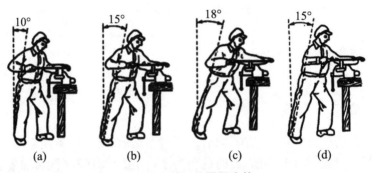

图 1.23 站立位置及姿势

4. 锯削的动作要领

(1) 手臂的动作

锯削时,两手臂的动作形式有两种。

① 摆动式:两手控制锯弓,小幅度地上下摆动。

② 直线式:两手控制锯弓直线运动,其动作要领与锉削时相同,一般用于锯削面小或锯缝底面要求平直的工件。

(2) 压力与推力

锯削时,压力和推力主要由右手控制,左手配合扶正锯弓。推锯时为切削行程,应施加压力。工件将被锯断时压力要逐渐减小。

(3) 锯削的速度

一般控制在 20～40 次/min 为宜,速度过快,易使锯条发热,磨损加重;速度过慢,又直接影响锯削效率。锯硬材料时应慢些,锯软材料时可快些。拉回手锯的速度要快。

(4) 锯削行程

锯削时,应充分利用锯条的有效长度,提高其使用寿命。一般锯削行程应不小于锯条全长的 2/3。

5. 起锯

起锯是锯削的开始,直接影响锯削质量和锯条的使用。起锯有远起锯和近起锯两种方法。远起锯是指从工件的远点开始起锯,其角度以俯倾 15°左右,如图 1.24(a)所示,实际工作中一般采用这种起锯方法。近起锯是指从工件的近点开始起锯,其角度以仰倾 15°为宜,如图 1.24(b)所示,这种起锯方法在实际工作中较少采用。

起锯角不宜太大。起锯时的压力要小,速度要慢,为了防止锯条在工件表面上打滑,可用拇指指甲松靠锯条以引导锯条切入(用拇指靠导起锯),如图 1.24(c)所示。

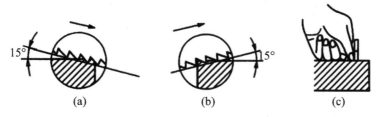

图 1.24 起锯的方法

6. 收锯

工件将要锯断或要被锯到尺寸时,操作者用力要小,速度应放慢。需要锯断的工件,应用左手托住要被锯断部分,以防锯条折断或工件跌落造成事故。

1.4.3 各种材料的锯削方法

1. 棒料的锯削方法

如果棒料的断面要求比较平整,则锯削时应从头到尾不改变锯削角度和方向;如果棒料的断面要求不高,则可改变几次方向锯断或锯到靠近中心部位后锤断。如图 1.25(a)所示为棒料的锯削。

2. 薄板料的锯削方法

板料应尽量从宽面上锯削。如果必须从窄面上锯削,可用木块夹持在一起锯削如图 1.25(b)所示。这样可避免锯条被钩住或板料振动,锯削薄板时尤其如此。

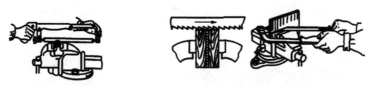

(a) 棒料的锯削　　　　　　　　(b) 板料的锯削

图 1.25 棒料和板料的锯削方法

3. 管子的锯割方法

管类零件壁薄,易变形,因此在装夹时依靠 V 形槽木垫夹牢在台虎钳上。锯削管子时,应先从管子的一个方向锯到管子的内壁处,然后将管子沿推锯方向转过一个角度后再从原锯缝开始锯削,直到内壁,这样不断改变方向逐渐转动锯削直到锯断为止。切不可在一个方向从一开始连续锯到结束,这样锯齿会因被钩住而崩裂。如图 1.26 所示为管子的锯削。

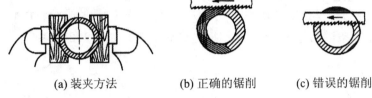

(a) 装夹方法　　　　(b) 正确的锯削　　　　(c) 错误的锯削

图 1.26　管类零件的锯削方法

4. 深缝的锯削方法

当工件太厚,锯缝的深度达到或超过锯弓高度时,为了防止锯弓与工件相碰,应将锯条转过 90°重新安装后再锯,或者将锯条转过 180°重新安装后再锯,如图 1.27 所示。

(a) 第一次锯削　　　　(b) 旋转90°　　　　(c) 旋转180°

图 1.27　深缝的锯削方法

1.5　锉　　削

用锉刀锉削掉待加工表面上的多余金属,使工件尺寸、形状、位置和表面粗糙度等都达到图样要求的加工方法称为锉削。锉削精度可达 0.01 mm、表面粗糙度 $Ra1.6\sim0.8~\mu m$。

锉削的应用范围很广,可以加工平面、曲面、角度、沟槽及复杂表面,还可以锉配、制作样板、模具及修整零件。在现代工业生产中,锉削仍占有不可缺少的重要位置。

1.5.1　锉削工具

锉刀由碳素工具钢 T13、T12 或 T13A、T12A 制成,经淬火处理,其切削部分的硬度达 62~72 HRC。

1. 锉刀的构造及各部分名称

锉刀由锉身和锉柄组成,锉身包括锉刀面、锉刀边、底齿、面齿、锉刀尾,锉柄包括木柄和舌,如图1.28所示。

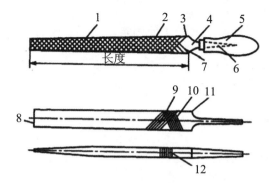

1-锉刀面;2-锉刀边;3-底齿;4-锉刀尾;5-木柄;6-舌;7-面齿
8-锉刀梢端;9-辅锉纹;10-主锉纹;11-锉肩;12-边锉纹

图1.28 锉刀的构造及各部分名称

2. 锉刀的类型、规格、基本尺寸

(1) 锉刀的类型

不同的锉刀有不同的用途,锉刀按用途可分为钳工锉、整形锉和特种锉。

① 钳工锉。按其断面形状的不同,可分为平锉、方锉、三角锉、半圆锉和圆锉5种。如图1.29(a)所示。

② 整形锉。用来修整工件上细小的部分,通常以5把、6把、8把、10把或12把为一组。如图1.29(b)所示。

③ 特种锉。用来加工零件的特殊表面,其断面形状。如图1.29(c)所示。

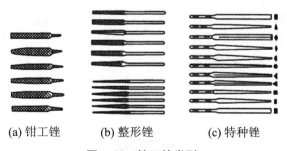

(a) 钳工锉   (b) 整形锉   (c) 特种锉

图1.29 锉刀的类型

(2) 锉刀的规格

锉刀的规格分为尺寸规格和齿纹粗细规格。

① 尺寸规格。不同的锉刀有不同的参数表示,除圆锉、方锉以断面形状尺寸表示外,其他锉刀都是以锉深长度表示,如100 mm、150 mm、200 mm等。

② 齿纹粗细规格。以齿距大小表示。

1号锉纹:用于粗锉刀,齿距为2.3~0.83 mm;

2号锉纹:用于中粗锉刀,齿距为0.77～0.42 mm;

3号锉纹:用于细锉刀,齿距为0.33～0.25 mm;

4号锉纹:用于双细锉刀,齿距为0.25～0.20 mm;

5号锉纹:用于油光锉,齿距为0.20～0.16 mm。

(3) 锉刀的基本尺寸

宽度和厚度是构成锉刀基本尺寸的主要因素。对于圆锉而言,基本尺寸指其直径。

1.5.2 锉削方法

1. 锉刀的握法

按锉刀的大小和形状不同,锉刀有多种不同的握持方法。

(1) 大型锉刀的握法

握持长度在250 mm以上的大型锉刀,要用右手握紧刀柄,拇指压在锉刀的上部,其余四指轻握锉刀柄,让柄端顶住掌心。左手有多种握法,主要在右手推动锉刀时协同右手保持锉刀的平衡。较大型锉刀的握法,如图1.30所示。

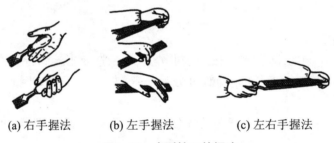

(a) 右手握法　　(b) 左手握法　　(c) 左右手握法

图1.30 大型锉刀的握法

(2) 中、小型锉刀的握法

长度在200 mm左右的中型锉刀的握持方法与大型锉刀基本相似,只需左手的拇指、食指和中指轻轻扶住锉刀前端。小型锉刀用右手食指压放在锉刀柄的侧面,其他手指自然握住锉刀柄,而左手只用手指压在锉刀中部即可。更小型锉刀(如整形锉)只需用右手持锯,方法是将食指放在锉刀上面,拇指在侧面,其余手指自然握住即可。中、小型锉刀的握法,如图1.31所示。

(a) 中型锉刀的握法　　(b) 小型锉刀的握法　　(c) 更小型锉刀的握法

图1.31 中、小型锉刀的握法

2. 锉削姿势

操作者的锉削姿势与锯削姿势基本相似。锉削动作由身体运动和手臂运动合成。锉削开始时,人身体前倾10°;锉刀推进到1/3行程时,身体前倾15°,左膝稍有弯曲;锉刀推进到

2/3 行程时身体前倾 18°左右;到最后 1/3 行程时锉刀是靠右肘推进的,身体自然回复到前倾 15°状态。整个行程结束后,把锉刀略提起一点,身体自然回复到初始状。

3. 锉刀的选择

正确地选择锉刀,能充分发挥它的效能,延长其使用寿命,提高效率。

① 锉刀的断面形状和尺寸规格的选择。应根据工件大小和表面形状及加工余量的大小来选择,锉刀形状应适合工件加工表面的形状。

② 锉刀的粗细规格选择。决定于工件材料的性质、加工余量的大小、加工精度和表面粗糙度要求的高低。

4. 锉削方法

(1) 平面的锉削方法

锉削平面是基本功,常采用下面三种方法:

① 顺向锉法。顺向锉削时,锉刀的运行方向始终与工件的夹持方向一致。这种锉削方法得到的平面锉纹正直整齐,因此常用来锉削不太大的平面及最后锉光,如图 1.32(a)所示。

② 交叉锉法。首先使锉刀沿与工件成 30°~40°的方向锉削,然后将锉刀转 90°方向锉削,反复操作,如图 1.32(b)所示。这种锉削方法使得锉纹交叉、接触面大、效率高,且容易把平面锉平,适用于粗锉加工余量大的工件表面。

③ 推锉法。推锉法是指两手对称地握住锉刀并均衡施力,使锉刀长度方向与工件长度方向垂直锉削,如图 1.32(c)所示。这种锉削方法得到的锉痕正直整齐,但锉削效率不高,适用于加工余量小、表面精度要求高或窄平面的锉削,还可以修正尺寸。

(a) 顺向锉法　　　(b) 交叉锉法　　　(c) 推锉法

图 1.32　平面的锉削方法

平面锉削的质量主要是检查平面的形状和位置的精度。平面度检查可使用刀口形直尺和 90 度角尺贴靠是否透光进行检查。

(2) 简单内、外圆弧面的锉削方法

对简单外圆弧面进行锉削时,锉刀必须同时完成推进运动和绕圆弧中心摆动的复合运动。锉刀的推进运动与锉削平面相似,锉刀的摆动可通过一只手压锉刀的一端,另一只手把锉刀的另一端往上抬,双手配合来实现,这样就可以锉削出所需的圆弧面。常用锉削简单外圆弧面的方法有以下两种:

① 横着圆弧面锉削法。锉刀按如图 1.33(a)所示的两箭头方向运动,既做横着圆弧面的直线推进运动,又不断顺着圆弧面转动。这种方法锉削效率高,但精度低,适用于锉削粗糙外圆弧面。

② 顺着圆弧面锉削法。锉削时使锉刀顺着圆弧面推进,同时通过对锉刀进行右手下压、左手上提实现锉刀的摆动,如图 1.33(b)所示。这种方法得到的外圆弧面光洁圆滑,但

锉削效率低,适用于精锉外圆弧面。

(a) 横着圆弧面锉削　　(b) 顺着圆弧面锉削

图 1.33　外圆弧面锉削

③ 滚锉法。用于锉削内外圆弧面和内外倒角。如图 1.34 所示。锉削外圆弧面时,锉刀除向前运动外,还要沿工件被加工圆弧面摆动;锉削内圆弧面时,锉刀除向前运动外,锉刀本身还要做一定的旋转运动和向左移动。

图 1.34　滚锉法用于内圆弧面锉削

(3) 球面的锉削方法

生产中最常见的球面锉削是在圆柱端部锉出球面,锉刀一边沿凸圆弧面做顺向滚锉动——边绕球面的球心和周向做摆动,分为直向锉法和横向锉法,如图 1.35 所示。

图 1.35　球面锉削方法

1.5.3　锉削操作的注意事项

① 锉刀属右手工具,应放在台虎钳的右面,不能露出钳台边缘,防止碰落而伤脚或损坏锉刀。

② 禁止使用无柄、裂柄或无铁箍锉刀,防止将手刺伤。

③ 锉削时不能撞击刀柄,防止脱落伤手。

④ 锉下来的铁屑末用毛刷清除,不能用嘴吹锉屑,防止锉屑飞入眼中。

⑤ 不能用手摸工件表面,防止锉削打滑。

⑥ 不能用锉刀撬、砸其他物体,防止损坏锉刀以及锉刀折断伤人。

⑦ 由于虎钳钳口淬火处理过,不要锉到钳口上,以免磨钝锉刀和损坏钳口。

⑧ 不要用新锉刀锉硬金属、白口铸铁和淬火钢。

⑨ 锉面堵塞后,用钢丝刷顺着锉纹方向刷去屑末。

1.6 孔加工

孔的加工是钳工工作的重要内容之一。根据孔的用途不同,孔的加工方法大致可分为两类:一类是在实心材料上加工出孔,即用麻花钻、中心钻等进行钻孔;另一类是对已有的孔进行再加工,即用扩孔钻、锪钻、铰刀等进行扩孔、锪孔和铰孔。如图1.36所示。

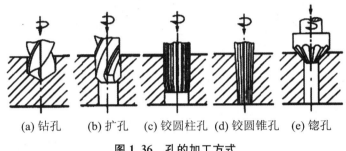

(a) 钻孔　(b) 扩孔　(c) 铰圆柱孔　(d) 铰圆锥孔　(e) 锪孔

图1.36　孔的加工方式

1.6.1　孔加工设备

孔加工设备主要有台式钻床、立式钻床、摇臂钻床和手电钻等。

(1) 台式钻床

简称为台钻,大都安装在钳台上,一般用来加工小型工件上直径≤12 mm的小孔。台钻主要由电动机、立柱、工作台、传动变速机构等组成。如图1.37(a)所示。

(2) 立式钻床

简称为立钻,适用于钻削中型工件的孔,钻孔最大直径有25 mm、35 mm、40 mm、50 mm等几种;其转速和进给量可在较大范围内变动,适用于不同材质的刀具,能进行钻孔、锪孔、铰孔和攻螺纹等。立钻一般由底座、立柱、主轴变速箱、电动机、主轴、进给箱和工作台等组成。如图1.37(b)所示。

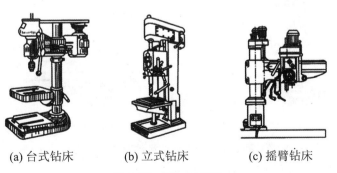

(a) 台式钻床　(b) 立式钻床　(c) 摇臂钻床

图1.37　孔加工机器

(3) 摇臂钻床

简称为摇臂钻,它的摇臂能回转360°,并能自动升降和夹紧定位,在一个工件上可以加工多个孔而工件不必动,最大钻孔直径有 40 mm、63 mm 等几种;其转速和进给量的变化范围大,可以进行钻孔、锪孔、锪平面、铰孔、镗孔和攻螺纹等。摇臂钻一般由底座、立柱、主轴变速箱、电动机、主轴、摇臂、进给箱、工作台等组成。如图 1.37(c)所示。

(4) 手电钻

有手提式和手枪式两种。手电钻内部一般由电动机和两级减速齿轮组成,适用于钻小孔。手电钻转速高、钻进快,操作和携带方便,一般用于工件搬动不方便,或不便在钻床上加工的场合。手电钻的规格是以其最大钻孔直径来表示的,一般有 6 mm、10 mm、13 mm、19 mm、23 mm 等几种,如图 1.38 所示。

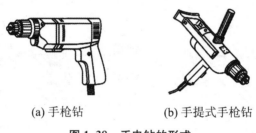

(a) 手枪钻　　(b) 手提式手枪钻

图 1.38　手电钻的形式

1.6.2　孔加工工具

1. 钻头

钻孔时,钻头装在钻床或其他设备上,依靠钻头与工件间的相对运动进行切削。如图 1.39(a)所示,钻头的运动分为钻头的旋转运动(主运动)和钻头的直线运动(进给运动)。主运动切下切屑,进给运动使被切削金属继续投入。

钻头的种类很多,这里主要介绍最常用的麻花钻。

(1) 麻花钻

麻花钻是应用最广泛的钻头,它由柄部、颈部和工作部分组成,如图 1.39(b)所示。

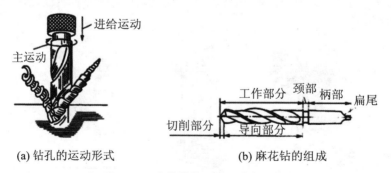

(a) 钻孔的运动形式　　(b) 麻花钻的组成

图 1.39　麻花钻的运动形式和组成

(2) 群钻

利用标准麻花钻合理刃磨而成的,高生产率、较高精度、适用性强、耐用度高的新型钻头。群钻受刃磨质量影响较大。

(3) 麻花钻的切削部分

麻花钻的切削部分如图 1.40 所示，主要包括以下部分：

① 两个前面——切削部分的两螺旋槽表面。
② 两个后面——切削部分顶端的两个曲面，加工时它与工件的切削表面相对。
③ 两个副后面——与已加工表面相对的钻头两棱边。
④ 两条主切削刃——两个前面与两个后面的交线。
⑤ 两条副切削刃——两个前面与两个副后面的交线。
⑥ 一条横刃——两个后面的交线。

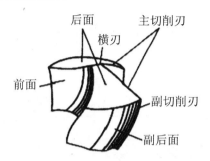

图 1.40 麻花钻的切削部分组成

1.6.3 钻孔的方法

1. 工件的夹持

(1) 平整工件的夹持

平整工件的夹持方法有以下两种：

① 用手握持。当钻孔直径小于 8 mm 且工件可以用手握牢而不会发生事故时，可以用手直接拿稳工件进行钻孔，此时为防划手，应对工件握持边倒角。当快要将孔钻穿时进给量要小。有些工件虽然可用手握持，但是为了保证安全，最好再用螺钉将工件靠在工作台上。

② 用虎钳夹持。当钻孔直径超过 8 mm 或用手不能握牢时，可以用手虎钳夹持，或使用小型机床用平口虎钳夹持工件，如图 1.41 所示。

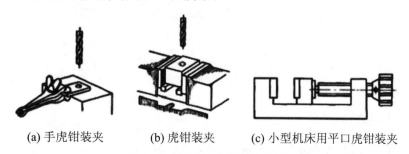

(a) 手虎钳装夹　　(b) 虎钳装夹　　(c) 小型机床用平口虎钳装夹

图 1.41 孔径较小的装夹方法

(2) 圆柱形工件的夹持

为了防止圆柱形工件在钻孔时转动，可以在钻孔前用 V 形架配以螺钉、压板夹持工件，如图 1.42 所示。

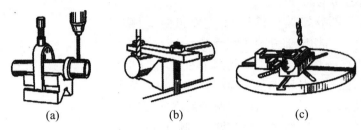

图 1.42 圆柱形工件的夹持方法

(3) 用压板夹持

当需在工件上钻较大孔或用机床或用平口虎钳不好夹持工件时,可用图 1.43 所示的方法,即用压板、螺栓、垫铁将工件固定在钻床工作台上。

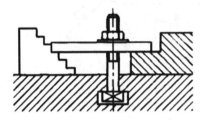

图 1.43 压板装夹工件

2. 钻头夹具

钻头夹具如图 1.44 所示,包括以下工具:
① 钻夹头。是用来夹持钻头柄部为圆柱形钻头的夹具。
② 钻头套。用来装夹圆锥柄钻头的夹具。
③ 楔铁。用来拆卸钻头或钻夹头、钻头套的工具。

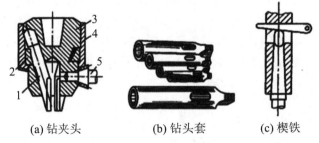

(a) 钻夹头　　(b) 钻头套　　(c) 楔铁

1-夹爪;2-对合螺纹;3-夹头套;4-本体;5-锥齿轮钥匙

图 1.44 钻头夹具

3. 钻孔步骤方法

一般工件的钻孔方法步骤如下:

① 试钻。起钻的位置会直接影响钻孔的质量。钻孔前最好先把孔中心的样冲眼打大一些,这样可使横刃在钻前落入样冲眼内,钻孔时钻头不易偏离中心。判断钻尖是否对准钻孔中心,要在两个互相垂直的方向上观察。当观察到已对准后,先试钻一浅坑,看钻出的锥坑与所划的钻孔圆周线是否同心,如果同心,则可继续钻孔,否则,要借正后再钻。

② 借正。试钻后检查,发现试钻的锥坑与所划的钻孔圆周线不同心时,应及时借正。一般靠移动工件位置借正。

③ 限速限位。如果钻通孔,在即将钻穿时要减少进给量,如原采用自动进给,此时最好改成手动进给。因为当钻尖刚钻穿工件材料时,轴向阻力突然减小,由于钻床进给机构的间隙和弹性变形突然恢复,将使钻头以很大的进给量自动切入,会造成钻孔质量降低甚至钻头折断等现象。

此外,钻削深孔时要注意排屑。一般当钻进深度达到直径的三倍时,钻头就要退出排屑,且每钻进一定深度,钻头就要退刀排屑一次,以免钻头因切屑阻塞而扭断。钻削大孔时要分次,如直径超过 30 mm 的大孔可分两次钻削,先用 0.5～0.7 倍孔径的钻头钻孔,然后再用所需孔径的钻头扩孔。分次钻削既可以减小轴向力,保护机床和钻头,又能提高钻孔质量。

1.6.4 扩孔、铰孔和锪孔

1. 扩孔

扩孔是指用扩孔钻将已有孔(铸出、锻出或钻出的孔)进行扩大,如图 1.45(a)所示。扩孔可以校正孔的轴线偏差,适当提高了孔的加工精度和降低表面粗糙度。扩孔属于半精加工,加工精度一般可达到 IT10～9,表面粗糙度为 $Ra6.3～3.2\ \mu m$。

扩孔钻的形状和钻头相似,但前端为平面,无横刃,有 3～4 条切削刃,螺旋槽较浅,钻芯粗大,如图 1.45(b)所示。

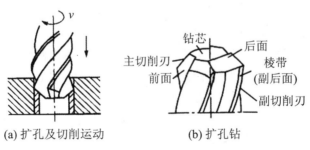

图 1.45 扩孔钻及切削运动

2. 铰孔

铰孔是指对工件上已有的孔进行精加工的一种加工方法,如图 1.46 所示。铰孔的直径余量(0.05～0.25 mm),加工精度一般可达到 IT7～IT6,表面粗糙度为 $Ra1.6～0.8\ \mu m$。

铰孔用的刀具称为铰刀,铰刀切削刃有 6～12 个,容屑槽较浅,横截面大,因此,铰刀刚性和导向性好。铰刀有手用和机用两种,手用铰刀柄部是直柄带方榫,机用铰刀是锥柄扁尾,如图 1.47 所示。手工铰孔时,将铰刀的方榫夹在铰杠的

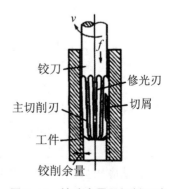

图 1.46 铰孔余量及切削运动

方孔内,转动铰杠带动铰刀旋转进行铰孔。铰孔需用铰杠来夹持,常用的铰杠有固定式和活动式两种。如图1.48所示。

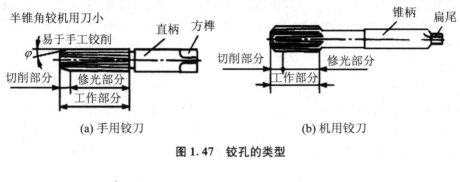

(a) 手用铰刀　　　　　　(b) 机用铰刀

图1.47　铰孔的类型

(a) 固定式　　　　　　(b) 活动式

图1.48　铰杠的类型

铰孔的方法:

① 在手铰铰孔时,可用右手通过铰孔轴线施加进刀压力,左手转动。正常铰削时,两手用力要均匀、平稳地旋转,不得有侧向压力,同时适当加压,使铰刀均匀地进给,以保证铰刀正确引进和获得较小的加工表面粗糙度,并避免孔口成喇叭形或将孔径扩大。

② 铰刀铰孔或退出铰刀时,铰刀均不能反转,以防止刃口磨钝以及切屑嵌入刀具后面与孔壁间,将孔壁划伤。

③ 机铰时,应使工件一次装夹进行钻、铰工作,以保证铰刀中心线与钻孔中心线一致。铰孔完毕后,将铰刀退出后再停车,以防孔壁拉出痕迹。

④ 铰尺寸较小的圆锥孔,可先留取圆柱孔精铰余量,钻出圆柱孔,然后用铰刀铰削即可。对尺寸和深度较大的锥孔,为减小铰削余量,铰孔前可先钻出阶梯孔。然后再用铰刀铰削,铰削过程中要经常用相配的锥销来检查铰孔的尺寸。

铰削时必须选用适当的切削液来减少摩擦并降低刀具和工件的温度。防止产生机械瘤并减少切屑细末黏附在铰刀刀刃上,以及孔壁和铰刀的韧带之间。从而减少加工表面的粗糙度与孔的扩大量。

3. 锪孔

锪孔是指加工工件上已有孔的孔口。锪孔用的刀具称为锪钻,它的形式很多,常用的有圆柱形埋头锪钻、锥形锪钻和端面锪钻等。

圆柱形埋头锪钻的端刃起切削作用,周刃作为副切削刃起修光作用。为了保证原有孔与埋头孔同心,锪钻前端带有导柱,与已有孔配合起定心作用。导柱和锪钻本体可制成整体,也可分开安装。如图1.49(a)所示。

锥形锪钻用于锪圆锥形沉头孔。锥形锪钻的顶角有60°、75°、90°和120°四种,90°顶角的锥形锪钻应用最广泛。如图1.49(b)所示。

端面锪钻用于锪与孔垂直的孔口端面。如图1.49(c)所示。

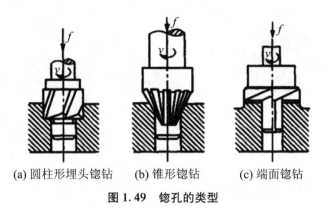

(a) 圆柱形埋头锪钻　　(b) 锥形锪钻　　(c) 端面锪钻

图 1.49　锪孔的类型

1.7　攻螺纹和套螺纹

螺纹除机械加工外,在装配和维修中常用手工配制加工。用丝锥在孔中加工出内螺纹称为攻螺纹;用板牙在外圆柱面加工出外螺纹称为套螺纹。

1.7.1　螺纹的加工工具

1. 丝锥

丝锥是加工内螺纹的工具,由切削部分、校准部分、柄部组成,如图 1.50 所示。通常 M6～M24 的丝锥一组有两支;M6 以下及 M24 以上的丝锥一组有三支;细牙螺纹丝锥为两支一组。

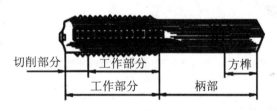

图 1.50　丝锥的组成

2. 板牙

板牙是加工外螺纹的工具。板牙的种类有:圆板牙,它又分为可调式和固定式两种;方板牙,它由两块活板牙组成,每块有两排刃刀,其余与圆板牙相同;活络管子板牙,它是一相同规格 4 块为一组,装夹在可调管子板牙架内。板牙的种类如图 1.51 所示。

钳工装配与修理中最常用的是圆板牙。它由切削部分、校准部分、排屑孔部分组成。在外圆上有 4 个锥坑和一条 V 形槽,其中两个锥坑用于将板牙固定在板牙架内并传递力矩,另两个锥坑及 V 形槽用于调节板牙尺寸。

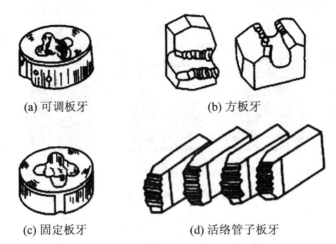

图 1.51　板牙的种类

3. 铰杠

铰杠是用来装夹丝锥的,它与铰孔中装夹铰刀的铰杠相同。攻螺纹铰杠的规格以其长度表示,常用的有 150 mm、225 mm、275 mm、375 mm、475 mm、600 mm 六种规格。

4. 板牙架

板牙架是装夹板牙的工具。它分为圆板牙架、可调式板牙架和活络管子如图 1.52 所示。

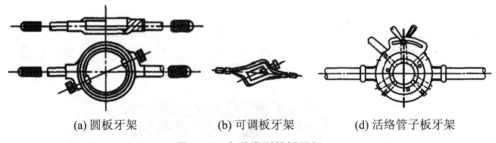

图 1.52　各种类型的板牙架

1.7.2　攻螺纹的方法

攻螺纹工具:丝锥、铰杠。

1. 攻螺纹前底孔直径的确定

由于丝锥在工作时除了切削金属外,同时对金属还有一定的挤压作用,使螺纹牙顶凸起部分,因此,钻孔直径必须略大于螺纹的小径。钻孔的直径和深度可用计算法确定。

加工钢和塑性较大的材料时

$$D_{钻} = D - P$$

加工铸铁和塑性较小(脆性)的材料时

$$D_{钻} = D - (1.05 \sim 1.1)P$$
$$H_{钻} = H_{螺纹} + 0.7D$$

式中，$D_{钻}$ 为攻螺纹前钻底孔的钻头直径(mm)；D 为螺纹公称直径(大径)(mm)；P 为螺纹的螺距(mm)；$H_{钻}$ 为钻孔深度(mm)；$H_{螺纹}$ 为所需螺纹深度(mm)。

2. 攻螺纹的操作要点和步骤

① 按计算结果选择钻头钻底孔。
② 锪孔口倒角。
③ 将工件装夹在台虎钳上。
④ 按丝锥方头尺寸选择合适的铰杠。
⑤ 丝锥头锥攻螺纹。丝锥切入孔中，必须使丝锥与工件端面垂直。
⑥ 开始时，两手要适当地施加压力，并按顺时针方向(右旋螺纹)将丝锥旋入孔中；当丝锥切入孔中后，便不施加压力，只需平稳旋转即可。每当丝锥旋转 1/2～1 周时，反转 1/4 周，以便断屑、排屑。
⑦ 丝锥二锥、三锥攻螺纹。丝锥头锥攻过后，再用二锥、三锥扩大及修光螺纹，达到规定要求。此时，可先用手将丝锥旋入孔中，再用铰杠进行攻螺纹，直至攻螺纹完毕，以防孔口螺纹被破坏。
⑧ 攻螺纹的顺序如图 1.53 所示。

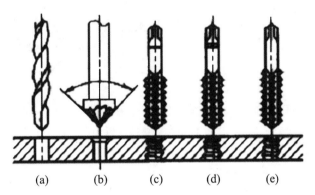

(a) 钻底孔；(b) 锪倒角；(c) 攻头锥；(d) 攻二锥；(e) 攻三锥
图 1.53 攻螺纹的顺序

3. 切削液的选择

为了及时散发切削热、冲走切屑、提高螺纹表面质量，攻螺纹时应正确选择切削液。一般地，材料为铸铁时，切削液用煤油或不用；材料为铜时，切削液用菜籽油或豆油；材料为钢时，切削液用肥皂水、乳化液、润滑油、豆油等；材料为铝及铝合金时，切削液用煤油、松节油、浓乳化液。

1.7.3 套螺纹的方法

套螺纹工具：板牙、板牙架。

1. 套螺纹前圆杆直径的确定

由于套螺纹时,金属材料受到挤压,圆杆直径必须小于螺纹大径,所以圆杆直径的确定可按经验公式选取:

$$d_{杆} = d - 0.13P$$

式中:$d_{杆}$ 为圆杆直径(mm);d 为螺纹大径(mm);P 为螺距(mm)。

2. 套螺纹的操作要点

① 确定圆杆直径。

② 将圆杆端部倒角 60°左右,使板牙容易对准中心和切入。如图 1.54(a)所示。

③ 将圆杆装夹在台虎钳上,不要露出太长,并与钳口垂直。

④ 板牙在圆杆上起套。此时要保证板牙与圆杆垂直,两手平握板牙架,向下稍加压力,然后按顺时针方向(右旋螺纹)扳动板牙架进行起套。当板牙切入到校准部分 1~2 牙时,两手用力旋转并保持平衡。

⑤ 套螺纹与攻螺纹一样,每旋转 1/2~1 周时,板牙要倒转 1/4 周,以便及时断屑、排屑。如图 1.54(b)所示。

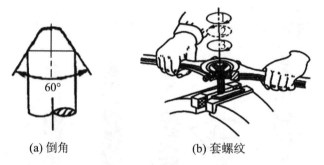

(a) 倒角　　　　(b) 套螺纹

图 1.54　套普通螺纹

3. 套管子螺纹的方法和步骤

① 将管子装夹在专用夹具上。

② 将活络管子板牙按顺序装夹在活络管子板牙架上,并将板牙架套在管子上。

③ 扳动板牙手柄,以适应不同管子直径的需要。

④ 扳动手柄即可套螺纹。套螺纹时,应通过螺杆不断调整(一般 2~3 次)管子板牙的位置。

⑤ 套完第一遍后,再套 1~2 遍,即可达到要求。

套螺纹部分离钳口要近些,圆杆要夹紧。为了不损坏圆杆的已加工表面,可用硬木或铜片做衬垫。为了提高螺纹加工质量并延长板牙寿命,在钢制件上套螺纹时要加切削液冷却润滑;在钳工工作中,不仅可以用手工完成套螺纹,也可应用机械完成。例如,使用搓丝机套螺纹和车床加工螺纹等。

4. 切削液的选择

套螺纹时,切削液的选择与攻螺纹时切削液的选择相同。

5．操作注意事项

① 正确装夹工件,以保证不会夹坏工件。
② 正确确定圆杆直径,掌握操作方法,以防螺纹乱牙。
③ 正确选择切削液,提高螺纹表面质量。
④ 板牙用后应从板牙架中取出,清理干净,涂油后放入盒中保存,防止生锈。

1.8 刮削和研磨

用研磨工具和研磨剂,从工件上去掉一层极薄表面层的精加工方法称为研磨。汽车发电机中气门与气门座及一些其他配合件的维修,通常需要采用研磨的方法进行加工,而且是利用配合件本身进行互研。互研有手工研磨、机械研磨、气动研磨等多种形式。

刮削是指用刮刀在工件表面上刮去一层很薄的金属,以提高工件加工精度的加工方法。将工件与标准工具或与其配合的工件之间涂上一层显示剂,经过对研,使工件上较高的部位显示出来,然后用刮刀进行微量切削,刮去较高部位的金属层。经过这样反复对研和刮削,工件就能达到正确的形状和精度要求。

1.8.1 刮削

1．刮削工具

刮刀一般用碳素工具钢或轴承钢锻制而成。

刮削硬工件时,可用焊有硬质合金刀头的刮刀,有平面刮刀和曲面刮刀两种。如图1.55(a)所示为最常用的一种平面刮刀,用来刮削平面。如图1.55(b)所示为一种曲面刮刀,也称为三角刮刀,用来刮削内曲面。

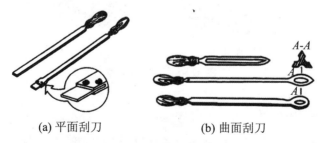

(a) 平面刮刀　　　　　(b) 曲面刮刀

图 1.55　刮刀类型

2．刮削原理

刮削是将工件与校准工具或与其相配合的工件之间涂上一层显示剂,经过对研,使工件上凸起部位(误差所在)显示出来(称为显点),然后利用刮刀进行微量刮削,刮去凸起部位的金属,减小误差。刮削的同时,刮刀对工件还有推挤和压光的作用,这样反复地显示和刮削,就能使工件的加工精度达到预定的要求。

曲面刮削以标准轴(称为工艺轴)或与其配合的轴作为内曲面显点的校准工具。研合时将显示剂(如蓝油、红丹粉等)涂在轴的表面上,用轴在内曲面中旋转,凸起处显示出印痕(也称研点),然后根据研点进行刮削。

3. 刮削方法和刮削余量

一般刮削工作分平面刮削和曲面刮削,具体操作时又有粗刮、细刮、精刮和刮花等方式。

(1) 平面刮削

手刮式和挺刮式是平面刮削的两种主要方法。

① 手刮式。右手握刀柄,左手捏住刮刀头部约 50 mm 处,刮刀与刮削平面成 25°～30°。刮削时,右臂将刮刀推向前,左手加压同时控制刮刀方向,到所需长度提起刮刀。如图 1.56(a)所示。

② 挺刮式。将刀柄顶在小腹右下侧,左手在前,右手在后,握住离刀刃 80～100 mm 的刀身部位,靠腿部和臂部的力量把刮刀推向前方,刮刀向前推进时双手加压,到所需长度时提起刮刀。

(2) 曲面刮削

曲面刮削时用曲面刮刀,如要求较高的滑动轴承的轴瓦为了获得良好的配合,需要刮削加工,这时采用曲面刮刀。如图 1.56(b)所示。

(3) 刮削余量

刮削时需要反复操作,每次的刮削量很少,因此机械加工所留下的刮削余量不能太大,一般为 0.05～0.40 mm。工作面积大时余量大;刮削前加工误差大时余量大;工件结构刚性差时容易变形,余量也应大些。

(a) 平面刮削　　　　(b) 曲面刮削

图 1.56　刮削的类型

4. 刮削的特点和应用

刮削能获得很高的尺寸精度、形状和位置精度、接触精度、传动精度和很小的表面粗糙度,因为刮削具有切削量小、切削力小、产生热量小、装夹变形小等特点,不存在机械加工中的振动、热变形等缺陷,所以能获得很高的尺寸精度、形状和位置精度及很小的表面粗糙度值,能保证配合件的精密配合。

在刮削过程中,由于工件多次受到刮刀的推挤和压光作用,所以工件表面粗糙度小、组织结构紧密,从而能比较好地延长零件的使用寿命。

刮削后,零件表面形成了比较均匀的微浅凹坑,有利于储存油,因而能较好地改善相对运动零件之间的润滑条件。刮削还能增加工件表面和整体美观性。

机床导轨和滑动轴承的接触面、工具和量具的接触面及密封表面等,在机械加工之后也常用刮削方法进行加工。因此,在汽车发电机轴承的修配中虽然采用镗削、拉削等机械加工能极大地提高生产效率,但由于刮削具有上述特点,手工刮削在机械制造业和修理工作中仍占有较重要的地位。

5. 刮削的检查方法

刮削分为粗刮、细刮和精刮。工件表面粗糙、有锈斑或余量较大时(0.1～0.05 mm)应进行粗刮。粗刮用长刮刀,施较大的压力,刮削行程较长,刮去的金属多。粗刮刮刀的运动方向与工件表面原加工的刀痕方向约成 45°角,各次交叉进行,直至刀痕全部刮除为止,如图 1.57 所示,然后再进行研点检查。

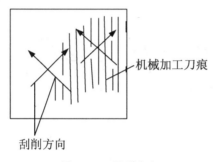

图 1.57 粗刮方向

研点检查法是刮削平面的精度检查方法,先在工件刮削表面均匀地涂上一层很薄的红丹油,然后与校准工具(如平板、心轴等)相配研。工件表面上的高点经配研后,会磨去红丹油而显出亮点(即贴合点),如图 1.58 所示。每 25 mm² × 25 mm² 内亮点数目表示了刮削平面的精度。粗刮的贴合点为 4～6 个。

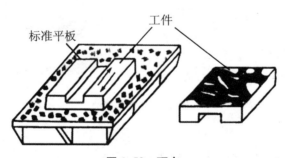

图 1.58 研点

细刮和精刮是用短刮刀进行短行程和施小压力的刮削。它是将粗刮后的贴合点逐个刮去,并经过反复多次刮削,使贴合点的数目逐步增多,直到满足要求为止。普通机床的导轨面为 8～10 点,精密的则要求为 12～15 点。

1.8.2 研磨

1. 研磨工具

研磨工具的材料应比被研磨工件的材料软,这样研磨剂里的磨粒才能嵌入研磨工具的表面,不会刮伤工件。研磨淬硬工件时,用灰铸铁或软钢等制成研磨工具。

不同类型的研磨工具研磨不同形状的工件,常用的研磨工具有研磨平板、研磨环、研磨棒等,如图 1.59 所示。

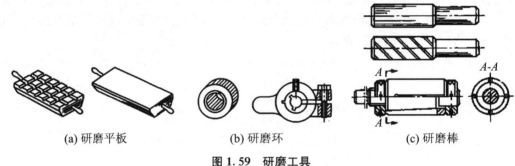

(a) 研磨平板　　　　(b) 研磨环　　　　(c) 研磨棒

图 1.59　研磨工具

2. 研磨原理

研磨的一般方法如图 1.60 所示。即在研磨工具(简称为研具,图中为平板)的研磨面上涂上研磨剂,在一定压力下,使研具和工件按一定轨迹做相对运动,直至研磨完毕。研磨的基本原理包含着物理和化学的综合作用。

图 1.60　平面研磨

(1) 物理作用

研磨时,要求研具材料的硬度比被研工件的硬度低,这样在一定压力下,研磨剂中微小颗粒(磨粒)被压嵌在研具表面上。这些细微的磨料具有较高的硬度,像无数刀刃。由于研具和工件往往作较复杂的相对运动,使半固定或浮动的磨粒在工件和研具之间作运动轨迹很少重复的滑动和滚动,因而对工件产生微量而均匀的切削和挤压作用,从工件表面切去一层极薄的金属层,这就是研磨中的物理作用。借助于研具的精确型面,可使工件之间得到准确的尺寸精度及合格的表面粗糙度。

(2) 化学作用

有些研磨剂还能起到化学作用。例如,采用易使金属氧化的氧化铬和硬脂酸配制的化学研磨剂时,被研表面与空气接触后很快形成一层氧化膜,而氧化膜由于本身的特性很容易地被磨掉,这就是研磨中的化学作用。

在研磨过程中,氧化膜迅速形成(化学作用),又不断被磨掉(物理作用),从而提高了研磨的效率。经过多次反复,工件表面就能很快地达到预定要求。由此可见,研磨加工实际体现了物理和化学的综合作用。

3. 研磨方法和研磨余量

(1) 平面研磨

平面研磨时用煤油或汽油把平板擦洗干净,再涂上适量研磨剂,将工件的被研表面与研磨平板贴合进行研磨。

(2) 内孔研磨

研磨内孔时把研磨棒放置在车床两顶尖之间或夹在钻床的钻夹头上,工件套在研磨棒上,研磨棒做旋转运动,手握工件做往复直线运动。

(3) 外圆柱研磨

外圆柱研磨时,工件上涂研磨剂,再套上研磨环进行研磨,如图 1.61 所示。外圆柱研磨一般在车床或钻床上进行,研磨工具是研磨环,研磨环的孔径比工件外径大 0.002 5～0.050 mm,长为孔径的 1～2 倍。

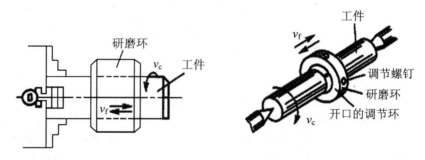

图 1.61 外圆柱面研磨

(4) 研磨余量

研磨是微量切削,每研磨一遍所能磨去的金属层不超过 0.002 mm,因此研磨余量不能太大。一般研磨余量在 0.005～0.030 mm 之间比较适宜。有时研磨余量就留在工件的公差之内。

4. 研磨的特点与应用

(1) 研磨的特点

① 降低表面粗糙度值。经过研磨加工后的工件的表面粗糙度值很小,一般其表面粗糙度值为 $Ra1.6～0.1\ \mu m$,最小可达 $Ra0.012\ \mu m$。

② 能达到精确的尺寸精度。经过研磨后的尺寸精度可达 0.001～0.005 mm。

③ 研磨剂是由磨料和研磨液调和而成的混合剂。常用磨料有氧化铝、碳化硅、人造金刚石等。

(2) 研磨的应用

由于研磨后零件的表面粗糙度值小、形状准确,所以零件的耐磨性、耐蚀性和疲劳强度都有了相应的提高。配合件经过互研后还能获得良好的密封性。因此,研磨主要用在表面精加工中。

1.9 錾削

錾削是用手锤锤击錾子,对工件进行加工的操作。錾削可加工平面、沟槽、切断金属及清理铸、锻件上的毛刺等。每次錾削金属层的厚度为 0.5～2 mm。

1.9.1 錾削工具

(1) 錾子

錾子是錾削工件的刀具,用碳素工具钢(T7A 或 T8A)锻打成型后再进行刃磨和热处理而成。钳工常用錾子主要有阔錾(扁錾)、狭錾(尖錾)、油槽錾和扁冲錾四种,如图 1.62 所示。

图 1.62 錾子

阔錾用于錾切平面、切割和去毛刺;狭錾用于开槽;油槽錾用于錾切润滑油槽;扁冲錾用于打通两个钻孔之间的间隔。

錾子的楔角主要根据加工材料的硬度来决定。柄部一般做成八棱形,便于控制錾刃方向。头部做成圆锥形,顶端略带球面,使锤击时的作用力易与刃口的錾切方向一致。

(2) 手锤

手锤是钳工常用的敲击工具,由锤头、木柄和楔子组成如图 1.63 所示。手锤的规格以锤头的重量来表示,有 0.46 kg、0.69 kg 和 0.92 kg 等。锤头用 T7 钢制成,并经热处理淬硬。木柄用比较坚韧的木材制成,常用的 0.69 kg 手锤,柄长约 350 mm。木柄装入锤孔后用楔子楔紧,以防锤头脱落。

图 1.63 手锤

(3) 錾削角度

錾子的切削刃是由两个刀面组成,构成楔形,如图 1.64 所示。錾削时影响质量和生产率的主要因素是楔角 β 和后角 α 的大小。楔角 β 愈小，錾刃愈锋利，切削省力；但太小时刀头强度较低，刃口容易崩裂。一般是根据錾削工件材料来选择。錾削硬脆的材料如工具钢等，楔角要大些，$\beta=60°\sim 70°$。錾削较软的低碳钢、铜、铝等有色金属，楔角要选小些，$\beta=30°\sim 50°$。錾削一般结构钢时，$\beta=50°\sim 60°$。

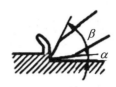

图 1.64 錾削角度

后角 α 的改变将影响錾削过程的进行和工件加工质量，其值在 $5°\sim 8°$ 范围内选取。粗錾时，切削层较厚，用力重，应选小值；精细錾时，切削层较薄，用力轻，α 角应大些。若 α 角选择得不合适，则太大了容易扎入工件，太小时錾子容易从工件表面滑出，如图 1.65 所示。

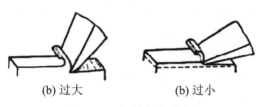

(b) 过大　　　　(b) 过小

图 1.65 錾削角度对比

1.9.2 錾削方法

(1) 錾子和手锤的握法

錾子用左手中指、无名指和小指松动自如地握持，大拇指和食指自然地接触。錾子头部伸出长度 20～25 mm。手锤用右手拇指和食指握持，其余各指当锤击时才握紧。锤柄端头伸出 15～30 mm，如图 1.66 所示。

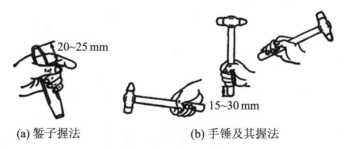

(a) 錾子握法　　　　(b) 手锤及其握法

图 1.66 錾子和手锤的握法

(2) 錾削操作过程

錾削可分为起錾、錾切和錾出三个步骤，起錾时，錾子要握平或将錾头略向下倾斜以便切入。錾切时，錾子要保持正确的位置和前进方向。锤击用力要均匀。锤击数次以后应将錾子退出一下，以便观察加工情况，有利刃口散热，也能使手臂肌肉放松，有节奏地工作。錾出时应调头錾切余下部分，以免工件边缘部分崩裂。特别是錾削铸铁、青铜等脆性材料尤其要注意。

錾削的劳动量较大,操作时要注意所站的位置和姿势,尽可能使全身不易疲劳,又便于用力。锤击时,眼睛要看到刃口和工件之间,不要举锤时看錾刃而锤击时转看錾子尾端部,这样容易分散注意力,工件表面不易錾平整,而且手锤容易打到手上。

思考与练习

1. 钳工常用的量具有哪些？各有什么用途？
2. 叙述游标卡尺的刻线原理和读数方法,精度范围。
3. 叙述千分尺的刻线原理和读数方法,精度范围。
4. 简述机械行业常用单位的换算。
5. 划线的作用是什么？常用划线工具有哪些？
6. 安装锯条时应注意些什么？
7. 常见的锉削方法有哪些？各适用哪些场合？
8. 锉削操作注意事项有哪些？
9. 台钻、立钻和摇臂钻床的结构和用途有何不同？
10. 试述麻花钻的基本结构组成。
11. 为什么攻丝前要检查孔径、套扣前要检查杆径？

项目 2　车 削 加 工

教学目的

1. 了解卧式车床的主要组成部分及其作用。
2. 掌握车削加工方法。
3. 掌握车工工艺的基本知识。

教学内容

1. 车床的基本知识。
2. 车刀的组成、结构及种类。
3. 车削加工的基本准备及工件的安装方式。
4. 车外圆、端面、台阶，切断，切槽，加工孔，车圆锥面、成形面、螺纹等的操作方法。
5. 典型零件的车削工艺。

教学难点

1. 车刀的辅助平面与几何角度。
2. 车削锥面时圆锥面的检测方法。
3. 车螺纹时螺距、转速与进给量的关系及螺纹的检测方法。

2.1　车　　床

车削是最主要、最基本的机械加工方法。车削加工的工件表面形状有两大类：一是旋转表面，二是螺旋表面，详细划分如图 2.1 所示。车削加工的范围包括车外圆柱面、车端面、钻中心孔、钻孔、车内孔、切槽、切断、车螺纹、滚花、车圆锥面、攻螺纹等。数控车床还能加工内、外曲面及端面螺纹槽。

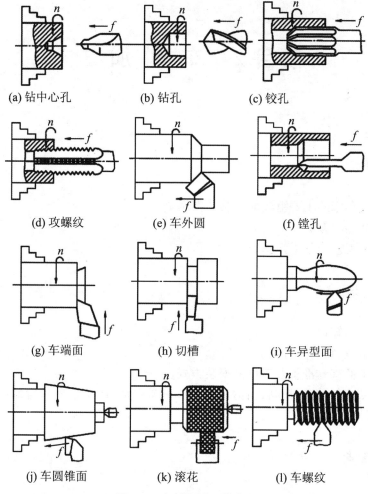

图 2.1 车削能加工的表面

2.2 卧式车床

2.2.1 卧式车床

1. 卧式车床的组成

车床的种类很多,主要有卧式车床、转塔车床、立式车床、自动与半自动车床以及数控车床等。其中卧式车床应用最广,现以 C6132 型卧式车床为例,介绍各部分的名称与作用,如图 2.2 所示。

(1) 主轴箱

又称床头箱,内装主轴和变速机构。变速是通过改变设在床头箱外面的手柄位置,可使

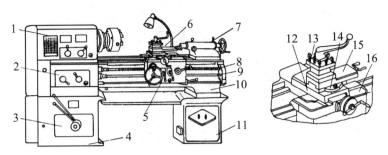

1—床头箱;2—进给箱;3—变速箱;4—前床脚;5—溜板箱;6—刀架;7—尾架;8—丝杠;9—光杠;
10—床身;11—后床脚;12—中刀架;13—方刀架;14—转盘;15—小刀架;16—大刀架

图 2.2 C6132 普通车床

主轴获得 12 种不同的转速(45～1 980 r/min)。主轴是空心结构,能通过长棒料,棒料能通过主轴孔的最大直径是 29 mm。主轴的右端有外螺纹,用以连接卡盘、拨盘等附件。主轴右端的内表面是莫氏 5 号的锥孔,可插入锥套和顶尖,当采用顶尖并与尾架中的顶尖同时使用安装轴类工件时,其两顶尖之间的最大距离为 750 mm。床头箱的另一重要作用是将运动传给进给箱,并可改变进给方向。

(2) 进给箱

又称走刀箱,它是进给运动的变速机构。它固定在床头箱下部的床身前侧面。变换进给箱外面的手柄位置,可将床头箱内主轴传递下来的运动,转为进给箱输出的光杠或丝杠获得不同的转速,以改变进给量的大小或车削不同螺距的螺纹。其纵向进给量为 0.06～0.83 mm/r;横向进给量为 0.04～0.78 mm/r;可车削 17 种公制螺纹(螺距为 0.5～9 mm)和 32 种英制螺纹(每英寸 2～38 牙)。

(3) 变速箱

安装在车床前床脚的内腔中,并由电动机通过联轴器直接驱动变速箱中齿轮传动轴。变速箱外设有两个长的手柄,是分别移动传动轴上的双联滑移齿轮和三联滑移齿轮,可获共 6 种转速,通过皮带传动至床头箱。

(4) 溜板箱

又称拖板箱,溜板箱是进给运动的操纵机构。它使光杠或丝杠的旋转运动,通过齿轮和齿条或丝杠和开合螺母,推动车刀作进给运动。溜板箱上有三层滑板,当接通光杠时,可使床鞍带动中滑板、小滑板及刀架沿床身导轨作纵向移动;中滑板可带动小滑板及刀架沿床鞍上的导轨作横向移动。故刀架可作纵向或横向直线进给运动。当接通丝杠并闭合开合螺母时可车削螺纹。溜板箱内设有互锁机构,使光杠、丝杠两者不能同时使用。

(5) 刀架

它是用来装夹车刀,并可作纵向、横向及斜向运动。刀架是多层结构,它由下列组成。如图 2.3 所示。

① 床鞍。它与溜板箱牢固相连,可沿床身导轨作纵向移动。

② 中滑板。它装置在床鞍顶面的横向导轨上,可作横向移动。

③ 转盘。它固定在中滑板上,松开紧固螺母后,可转动转盘,使它和床身导轨成一个所需要的角度,而后再拧紧螺母,以加工圆锥面等。

④ 小滑板。它装在转盘上面的燕尾槽内,可做短距离的进给移动。

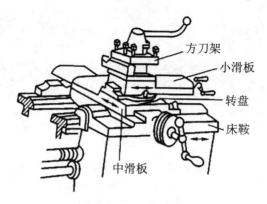

图 2.3 刀架的组成

⑤ 方刀架。它固定在小滑板上,可同时装夹四把车刀。松开锁紧手柄,即可转动方刀架,把所需要的车刀更换到工作位置上。

(6) 尾座

它用于安装后顶尖,以支持较长工件进行加工,或安装钻头、铰刀等刀具进行孔加工。偏移尾架可以车出长工件的锥体。尾架的结构由下列部分组成。如图 2.3 所示。

① 套筒。其左端有锥孔,用以安装顶尖或锥柄刀具。套筒在尾架体内的轴向位置可用手轮调节,并可用锁紧手柄固定。将套筒退至极右位置时,即可卸出顶尖或刀具。

② 尾座体。它与底座相连,当松开固定螺钉,拧动螺杆可使尾架体在底板上作微量横向移动,以便使前后顶尖对准中心或偏移一定距离车削长锥面。如图 2.4 所示。

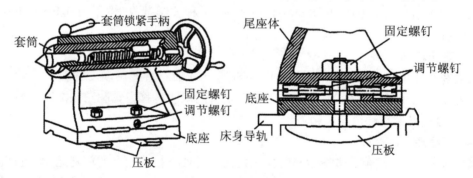

图 2.4 尾座的组成

③ 底座。它直接安装于床身导轨上,用以支承尾座体。

(7) 光杠与丝杠

将进给箱的运动传至溜板箱。光杠用于一般车削,丝杠用于车螺纹。

(8) 床身

它是车床的基础件,用来连接各主要部件并保证各部件在运动时有正确的相对位置。在床身上有供溜板箱和尾座移动用的导轨。

(9) 操纵杆

操纵杆是车床的控制机构,在操纵杆左端和拖板箱右侧各装有一个手柄,操作工人可以很方便地操纵手柄以控制车床主轴正转、反转或停车。

2. 卧式车床的型号

机床型号的编制是采用汉语拼音和数字按一定的规律组合排列的,用以表示机床的类型、结构特性和主要技术规格。例如 CW6140 卧式车床,其代号含义如下：

C：机床类别代号(车床类)；
W：通用特性代号(万能)；
6：组别代号(落地式卧式车床)；
1：系别代号(卧式车床)；
40：主要参数代号(最大车削直径为 400 mm)。

2.2.2 卧式车床的传动系统

电动机输出的动力,经变速箱通过带传动传给主轴,更换变速箱和主轴箱外的手柄位置,得到不同的齿轮组啮合,从而得到不同的主轴转速。主轴通过卡盘带动工件做旋转运动。同时,主轴的旋转运动通过换向机构、交换齿轮、进给箱、光杠(或丝杠)传给溜板箱,使溜板箱带动刀架沿床身作直线进给运动。

1. 卧式车床基本操作

(1) 停车练习

① 正确变换主轴转速。
② 正确变换进给量。
③ 熟悉掌握纵向和横向手动进给手柄的转动方向。
④ 熟悉掌握纵向或横向机动进给的操作。
⑤ 尾座的操作。尾座靠手动移动,其固定靠紧固螺栓螺母。

(2) 低速开车练习

练习前应先检查各手柄位置是否处于正确的位置,无误后进行开车练习。
① 主轴启动—电动机启动—操纵主轴转动—停止主轴转动—关闭电动机。
② 机动进给—电动机启动—操纵主轴转动—手动纵横进给—机动纵横进给—手动退回—机动横向进给—手动退回—停止主轴转动—关闭电动机。

2. 注意事项

① 机床未完全停止严禁变换主轴转速,否则发生严重的主轴箱内齿轮打齿现象甚至发生机床事故。开车前要检查各手柄是否处于正确位置。
② 纵向和横向手柄进退方向不能摇错,尤其是快速进退刀时要千万注意,否则会发生工件报废和安全事故。
③ 横向进给手动手柄每转一格时,刀具横向吃刀为 0.02 mm,其圆柱体直径方向切削量为 0.04 mm。

2.3 车 刀

2.3.1 车刀的种类与组成

1. 车刀的种类

按其用途分为直头外圆车刀、弯头外圆车刀、90°偏刀、宽刃精车刀、圆头精车刀、通孔车刀、不通孔车刀、装夹式车刀、浮动式车刀、端面车刀、切断车刀、车槽车刀、成形车刀等。如图2.5所示。

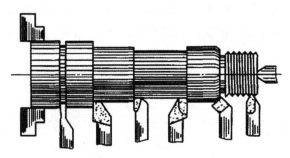

图 2.5 车刀的用途

车刀的结构形式有整体式、焊接式和机夹式三种形式。它们的构造如图2.6所示。整体式车刀的刀头和刀柄用同样的材料制成,通常为高速钢,其刀柄较长;焊接式车刀的切削部分(刀片)是由硬质合金制成的,刀柄是用中碳钢制成的,刀片和刀柄焊接成一个整体;机夹式车刀是将硬质合金刀片用机械夹固方法装夹在标准化刀体上,它分为机夹重磨式车刀和机夹转位式车刀。机夹重磨式车刀采用重磨式单刃硬质合金刀片;机夹转位式车刀采用多边形多刀刃硬质合金刀片,当一个刀刃磨钝后,只需将夹紧机构松开,把刀片转过一个角度换成另一个新切削刃,便可继续切削。

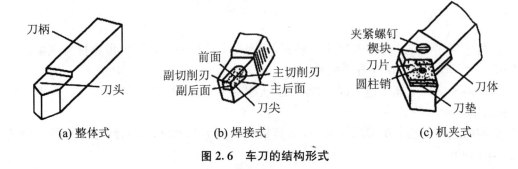

图 2.6 车刀的结构形式

2. 车刀的组成

车刀由刀头和刀柄两部分组成。刀头部分完成切削工作,故称为切削部分;刀柄用于把车刀装在刀架上,故称为夹持部分。刀头由以下几部分组成,如图 2.7 所示。

① 前面。是指切屑流出时所经过的表面。

② 主后面。刀具上与前面相交形成主切削刃的后面。该面与工件上的待加工表面相对。

③ 副后面。刀具上与前面相交形成副切削刃的后面。该面与工件上的已加工表面相对。

④ 主切削面。起始于切削刃上主偏角为零的点,并至少有一段切削刃拟用来在工件上切出过度表面的那个整段切削刃。它担负主要的切削工作。

⑤ 刀尖。是指主切削刃与副切削刃的连接处的部分刀刃。它通常由一小段过渡刃的小圆弧替代。过渡刃有直线形和圆弧形两种。

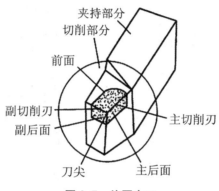

图 2.7 外圆车刀

2.3.2 车刀的几何角度与作用

车刀切削部分有 5 个独立的基本角度:前角、后角、主偏角、副偏角和刃倾角,如图 2.8 所示。

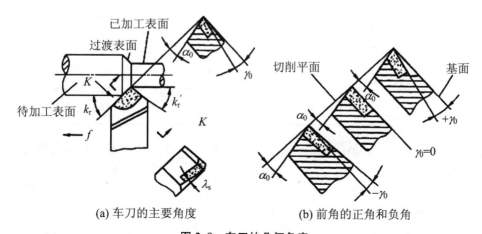

(a) 车刀的主要角度　　　　(b) 前角的正角和负角

图 2.8 车刀的几何角度

① 前角(r_0)。前面与基面的夹角。前角影响切削刃的锋利程度和切削刃的强度。前角大则切削变形小、摩擦力降低,使切削轻松、排屑方便,但切削刃的强度降低。

② 后角(α_0)。主后面与切削平面的夹角。后角影响后面与工件间的摩擦、切削刃的强度和锋利程度。

③ 主偏角(k_r)。主切削平面与假定工作平面的夹角。其作用是改变刀具与工件的受力情况和刀头的散热条件以及切削刃的磨损。

④ 副偏角(k_r')。副切削平面与假定工作平面的夹角。其作用是减少副后面与工件已加工表面之间的摩擦,影响已加工表面的粗糙度。

2.3.3 车削加工参数的确定方法

切削用量是指切削速度 v_c、进给量 f(或进给速度 v_f)、背吃刀量 a_p 三者的总称,也称为切削用量三要素。它是调整刀具与工件间相对运动速度和相对位置所需的工艺参数。

表 2.1 车削碳钢及合金钢的切削速度

加工材料	硬度(HBW)	切削速度 v_c(m/min)	
		高速钢车刀	硬质合金车刀
碳钢	125～175	36	120
	175～225	30	107
	225～275	21	90
	275～325	18	75
	325～375	15	60
	375～425	12	53
合金钢	175～225	27	100
	225～275	21	83
	275～325	18	70
	325～375	15	60
	375～425	12	45

表 2.2 切削铸件和钢件的切削速度

工件硬度(HBW)	硬质合金车刀 v_c(m/min)			
	灰铸铁	可锻铸铁	球墨铸铁	铸钢
100～140	110	150	/	78
140～190	75	110	110	68
190～220	66	85	75	60
220～260	48	69	57	54
260～320	27	/	26	42
320～400	/	/	8	/

① 切削速度 v_c(m/min)应根据刀具、工件材料所允许的切削速度和工件直径来选择,其计算公式:

$$v_c = \pi d n / 1\,000$$

式中:v_c——切削速度(m/min);
d——工件直径(mm);

n——主轴转速(r/min)。

在计算时应以最大的切削速度为准,如车削时以待加工表面直径的数值进行计算,因为此处速度最高,刀具磨损最快。

② 进给速度 f 通常按加工精度和表面质量的要求选取。工件每转一周时,刀具与工件在进给运动方向上的相对位移量。进给速度 v_f 是指切削刃上选定点相对工件进给运动的瞬时速度。

$$v_f = fn$$

式中:v_f——进给速度(mm/min);

n——主轴转速(r/min);

f——进给量(mm/r)。车削加工的进给速度见表2.3。

表 2.3 车削加工的进给速度

工序	进给速度 f(mm/min)		
	铸铁	钢及其合金	铜、铝及其合金
粗车	1.0~2.0	1.0~2.0	1.0~2.0
精车	0.05~0.20	0.05~0.15	0.10~0.20

③ 背吃刀量应根据机床、工件和刀具的刚度决定。在刚度允许的条件下,应尽可能地使背吃刀量等于工件的加工余量,这样可减少走刀次数、提高生产效率(粗车时通常取2~4 mm)。为了保证加工表面的质量,一般应留有加工余量。

通过切削刃基点并垂直于工作平面的方向上测量的吃刀量。根据此定义,如在纵向车外圆时,其背吃刀量可按下式计算:

$$a_p = (d_w - d_m)/2$$

式中:d_w——工件待加工表面直径(mm);

d_m——工件已加工表面直径(mm)。

2.3.4 刀具材料及刃磨方法

1. 刀具材料应具备的性能

① 高硬度和好的耐磨性。刀具材料的硬度必须高于被加工材料的硬度才能切下金属。一般刀具材料的硬度应在60HRC以上。刀具材料越硬,其耐磨性就越好。

② 足够的强度与冲击韧度。强度是指在切削力的作用下,不至于发生刀刃崩碎与刀杆折断所具备的性能。冲击韧度是指刀具材料在有冲击或间断切削的工作条件下,保证不崩刃的能力。

③ 高的耐热性。耐热性又称红硬性,是衡量刀具材料性能的主要指标,它综合反映了刀具材料在高温下仍能保持高硬度、耐磨性、强度、抗氧化、抗黏结和抗扩散的能力。

④ 良好的工艺性和经济性。

2. 常用刀具材料

目前,车刀广泛应用硬质合金刀具材料,在某些情况下也应用高速钢刀具材料。

(1) 高速钢

高速钢是一种高合金钢,俗称白钢、锋钢、风钢等。其强度、冲击韧度、工艺性很好,是制造复杂形状刀具的主要材料。如:成形车刀、麻花钻头、铣刀、齿轮刀具等。高速钢的耐热性不高,在 640 ℃左右其硬度下降,不能进行高速切削。

(2) 硬质合金

以耐热高和耐磨性好的碳化物钴为黏结剂,采用粉末冶金的方法压制成各种形状的刀片,然后用铜钎焊的方法焊在刀头上作为切削刀具的材料。硬质合金的耐磨性和硬度比高速钢高得多,但塑性和冲击韧度不及高速钢。常用的硬质合金以 WC 为主要成分,根据是否加入其他碳化物而分为以下几类:

① 钨钴类(WC+Co)硬质合金(YG)。它由 WC 和 Co 组成,具有较高的抗弯强度的韧性,导热性好,但耐热性和耐磨性较差,主要用于加工铸铁和有色金属。细晶粒的 YG 类硬质合金(如 YG3X、YG6X),在含钴量相同时,其硬度耐磨性比 YG3、YG6 高,强度和韧性稍差,适用于加工硬铸铁、奥氏体不锈钢、耐热合金、硬青铜等。

② 钨钛钴类(WC+TiC+Co)硬质合金(YT)。由于 TiC 的硬度和熔点均比 WC 高,所以和 YG 相比,其硬度、耐磨性、红硬性增大,黏结温度高,抗氧化能力强,而且在高温下会生成 TiO_2,可减少黏结。但导热性能较差,抗弯强度低,所以它适用于加工钢材等韧性材料。

③ 钨钽钴类(WC+TaC+Co)硬质合金(YA)。在 YG 类硬质合金的基础上添加 TaC(NbC),提高了常温、高温硬度与强度、抗热冲击性和耐磨性,可用于加工铸铁和不锈钢。

④ 钨钛钽钴类(WC+TiC+TaC+Co)硬质合金(YW)。在 YT 类硬质合金的基础上添加 TaC(NbC),提高了抗弯强度、冲击韧性、高温硬度、抗氧能力和耐磨性。既可以加工钢,又可加工铸铁及有色金属。因此常称为通用硬质合金(又称为万能硬质合金)。目前主要用于加工耐热钢、高锰钢、不锈钢等难加工材料。

3. 车刀的刃磨

车刀用钝后,必须刃磨,以恢复其原来的形状和角度。车刀通常是在砂轮机上刃磨。磨高速钢刀具要用氧化铝(一般为白色),而磨硬质合金刀具则要用碳化硅砂轮(一般为绿色)。外圆车刀刃的刃磨步骤,如图 2.9 所示。

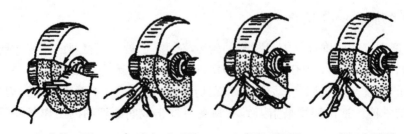

(a) 磨前刀面　　(b) 磨主后刀面　　(c) 磨副后刀面　　(d) 磨刀尖圆弧

图 2.9　车刀的刃磨

刃磨车刀时的注意事项如下:

① 刃磨时,双手拿稳车刀,使刀杆靠于支架,并让受磨面轻贴砂轮。倾斜角度要合适,用力应均匀,以免挤碎砂轮,造成事故。

② 将刃磨的车刀在砂轮圆周面上左右移动,使砂轮磨耗均匀,不出沟槽,切勿在砂轮两

侧用力精磨车刀,以免砂轮受力偏摆、跳动,甚至破碎。

③ 刃磨高速钢车刀,当刀头磨热时,应放入水中冷却,以免刀具因温升过高而软化。刃磨硬质合金车刀时,刀头磨热后应将其刀杆置于水内冷却,切勿刀头过热沾水急冷,这将产生裂纹。

④ 不要站在砂轮的正面,以防砂轮破碎使操作者受伤。

2.4 工件的装夹与车床附件

在车床上安装工件,要求定位准确,夹紧可靠,能承受合理的切削力,便于加工,达到预期的加工质量。常用的装夹方法有三爪自定心卡盘装夹、四爪单动卡盘装夹、双顶尖装夹、卡盘和顶尖装夹、心轴安装等。用三爪自定心卡盘或四爪单动卡盘装夹工件时,还可用尾座顶尖辅助顶住,也称"一夹一顶"。此外,卡盘装夹还可与中心架支撑结合。总之,装夹方法很多,可根据工件毛坯形状和加工要求进行选择。

2.4.1 工件的装夹

1. 三爪自定心卡盘装夹工件

三爪自定心卡盘的结构如图 2.10 所示。三爪自定心卡盘夹持工件能自动定心,定位与夹紧同时完成,使用方便,适合于装夹圆钢、六角钢及已车削过外圆的零件。若铸、锻毛坯用三爪卡盘装夹,则卡盘易丧失精度。若在三爪卡盘上换上三个反爪(有的卡盘可将卡爪反装成反爪),即可用来安装直径较大的工件。如图 2.11 所示为三爪自定心卡盘装夹工件的示例。

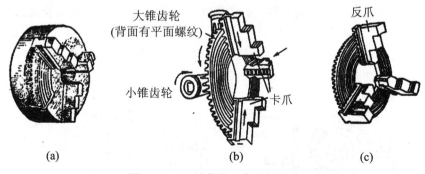

图 2.10 三爪自定心卡盘的结构

已精加工的表面作为装夹面时,应包一层铜皮,以免损伤工件表面。卡爪伸出卡盘的长度不能超过卡爪长度的一半。若工件直径过大,则应采用反爪装夹。三爪卡盘有正反两副卡爪,可正反使用,有的只有一副。各卡爪都有编号,应按编号顺序装配。在车床上装拆卡盘,必须停车进行,并在靠近卡盘的导轨上垫上木板。重量大的卡盘要用吊车吊装。

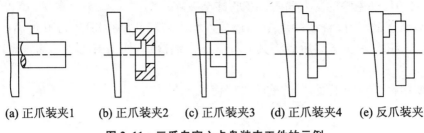

图 2.11　三爪自定心卡盘装夹工件的示例

2. 四爪单动卡盘装夹工件

四爪单动卡盘的结构,如图 2.12 所示。四爪单动卡盘夹紧力大,但安装工件调整较困难,适于装夹大型或形状不规则的工件。四爪单动卡盘可装成正爪和反爪两种,反爪用来装夹直径较大的工件。

图 2.12　四爪单动卡盘的结构

装夹毛坯面及粗加工时,一般用划针盘校正工件,如图 2.13(a)、(b)所示。既要校正端面基本垂直于轴线,又要校正工件回转轴线与机床轴线基本重合。在调整过程中,始终要保持相对的两个卡爪处于夹紧状态,再调整另一对卡爪。两对卡爪交错调整,每次的调整量不宜太大(1~2 mm),并在工件下方的导轨上垫上木板,防止工件意外掉到导轨上。

装夹已加工过的表面进行精车时,要求调整后工件的旋转四爪单动卡盘的结构精度达到一定值,可在工件与卡爪之间垫上钢块,用百分表校正工件,多次交叉校正平面与外圆,可使工件的端面跳动和径向跳动调整到最理想的数值。如卡爪直接夹住工件,接触面长时则很难调整出端面跳动和径向跳动都很小的数值。

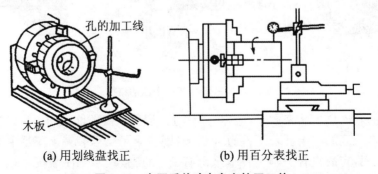

图 2.13　在四爪单动卡盘上校正工件

3. 双顶尖装夹工件

车削轴类零件常使用双顶尖装夹,这时轴类零件两端要打中心孔。中心孔是轴类零件在顶尖上安装的定位基面。一般使用中心钻打中心孔,中心钻的类型如图 2.14 所示。

中心孔上的 60°锥孔与顶尖上的 60°锥面相配合,里端的小圆孔保证锥孔与顶尖锥面配合贴切,并可储存少量润滑油。中心孔外端的 120°锥面又称为保护锥面用以保护 60°锥孔的外缘不被碰坏。中心孔分别用相应的中心钻在车床或专用机床上加工,如图 2.15 所示,加工前一般应先将轴的端面车平。

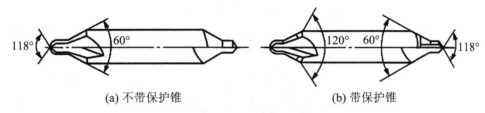

(a) 不带保护锥　　　　　　　　　(b) 带保护锥

图 2.14　中心钻的类型

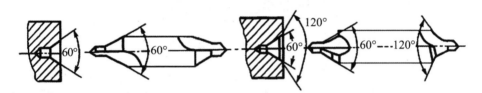

图 2.15　中心孔

双顶尖装夹工件如图 2.16 所示。工件被前、后顶尖顶住,前顶尖为普通顶尖(死顶尖),装在主轴锥孔内,同主轴一起旋转;后顶尖为活顶尖,装在尾座套筒锥孔内。工件前端用卡箍(也叫鸡心夹头)夹住。卡箍的弯曲拨杆插在拨盘 U 形槽内,拨盘装在车床主轴上,工件由卡箍、拨盘带动一起转动。用双顶尖加工,工件装夹方便,并使轴类零件各外圆表面保持高的同轴度。双顶尖装夹只能承受较小的切削力,一般用于精加工。

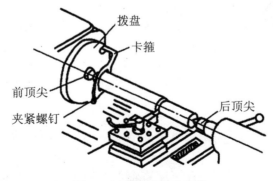

图 2.16　用顶尖装夹工件

4. 卡盘和顶尖装夹工件

对一端面已有中心孔或内孔的工件,经常一端用卡盘夹住,另一端用活顶尖顶住中心孔。以限制工件的轴向自由度。

2.4.2 车床附件

1. 中心架和跟刀架

加工细长轴时,为了防止工件受径向切削分力的作用而产生弯曲变形,常用中心架或跟刀架作为辅助支撑。加工细长阶梯轴的各外圆,一般将中心架支撑在轴的中间部位,如图2.17 所示,先车右端各外圆,调头后再车另一端的外圆;加工长轴或长筒的端面或端部的孔和螺纹等,可用卡盘夹持工件左端,用中心架支撑右端。

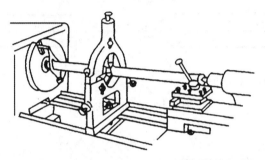

图 2.17 用中心架车细长轴

跟刀架固定在大拖板侧面上,随刀架做纵向运动,以增加车刀切削处工件的刚度和抗振性。跟刀架主要用于细长光轴的加工,如图 2.18 所示。使用跟刀架需先在工件右端车削一段外圆,根据外圆调整跟刀架两支撑爪的位置和松紧程度,即可车削光轴的全长。使用中心架和跟刀架时,工件转速不宜过快,并需对支撑爪加注机油润滑,以防止工件与支撑爪之间摩擦发热过度而使支撑爪磨坏或烧损。

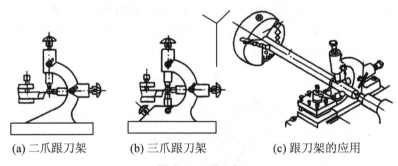

(a) 二爪跟刀架　　(b) 三爪跟刀架　　(c) 跟刀架的应用

图 2.18 跟刀架

2. 花盘、角铁、弯板及压板

① 花盘安装工件。花盘是安装在车床主轴上的一个直径较大的铸铁圆盘。在盘面上有许多径向长槽,用来压紧螺栓,如图 2.19(b)、(c)所示。花盘的端面平面度应较高,并与主轴轴线垂直。用花盘安装时,要仔细找正工件。

② 花盘、弯板安装工件。有些复杂的零件要求孔的轴线与安装面平行,或要求孔的轴线垂直相交时,可用花盘、弯板安装工件,如图 2.19(a)所示。弯板要有一定的刚度和强度,用于贴靠花盘和安放工件的两个面应有较高的垂直度。弯板安装在花盘上要仔细地找正,

工件紧固于弯板上也须找正。

(a) 在花盘弯板上装夹工件　　(b) 在花盘上装夹工件　　(c) 在花盘压板装夹工件

图 2.19　花盘、角铁、弯板及压板的应用

③ 用花盘与角铁装夹工件时，还要校正角铁平面与机床主轴轴线平行，并达到所需的中心距。装夹工件后要安装平衡铁，使夹具与工件达到静平衡。

2.5　车床安全操作技术及操作要点

2.5.1　安全操作技术

1. 安全操作技术

① 要穿工作服、戴工作帽、戴防护镜，长头发要压入帽内，不能戴手套操作，不能穿拖鞋进入车间。

② 进入车间后要在指定的机床上实训，不能乱动其他机床。

③ 开车前，应检查车床各部分机构是否完好，各传动手柄、变速手柄位置是否正确，工件刀具是否夹紧。

④ 卡盘扳手使用完毕后，必须及时取下，否则不能启动车床。

⑤ 开车后，人不能靠近正在旋转的工件，更不能用手触摸工件表面，也不能用量具测量工件尺寸，人不能离开机床，如需离开必须停车。

⑥ 机床运行过程中，如需变速必须停车。

⑦ 不允许在卡盘上及床身导轨上敲击或校直工件，床面上不准放置工具或工件。

⑧ 车刀磨损后，要及时刃磨或更换，用磨钝的车刀切削，会增加车床负荷，甚至损坏机床。

⑨ 纵向或横向进给时，严禁床鞍及横滑板超过极限位置。

⑩ 车削时，方刀架应调整到合适位置，以防小滑板左端碰撞卡盘爪。

⑪ 发生事故时，立即关闭车床电源。

⑫ 爱护量具，精密量具要注意保养。

⑬ 不要站在铁屑飞出的地点，以免伤人。

⑭ 工作结束后，应清除切屑及切削液，擦净后加润滑油，将床鞍摇至床尾手柄放到空挡位置，关闭电源。

2. 刻度盘及刻度盘手柄的使用

在车削工件时要准确、迅速地控制切削用量,必须熟练地使用中托板和小刀架的刻度盘。中托板的刻度盘装在横丝杠轴头上,中托板和丝杠的螺母紧固在一起当中托板手柄带着刻度盘转一周时;丝杠也转一周,这时螺母带着横刀架移动一个螺距,所以刻度盘每转一格,横刀架移动的距离(mm)=丝杠螺母/刻度盘格数。横刀架移动的距离可根据刻度盘转过的格数来计算。例如 C6132 车床横刀架丝杠螺距为 4 mm,横刀架的刻度盘等分为 200 格,故每转 1 格,横刀架移动的距离为 0.02 mm。

车刀是在旋转的工件上切削,当横刀架刻度盘每进一格时,工件直径的变化量是切削深度的两倍,即 0.04 mm。

3. 粗车和精车

在车床上加工一个零件,往往需要经过许多车削步骤才能完成,为了提高生产效率,保证加工质量,生产中把车削加工分为粗车和精车。

(1) 粗车

粗车的目的是尽快地从工件上切去大部分加工余量,使工件接近最后的形状和尺寸。粗车要给精车留有合适的加工余量,而精度和表面粗糙度的要求都很低。实践证明,加大背吃刀量不仅使生产率提高,而且对车刀的耐用度影响又不大,因此粗车时要优先选用较大的背吃刀量,再适当加大进给量,最后确定切削速度。切削速度一般选用中等或中等偏低的数值。在 C6132 车床上使用硬质合金车刀进行粗车的切削用量推荐为:背吃刀量 a_p 取 2~4 mm;进给量 f 取 0.2~0.4 mm/r;切削速度 v_c 取 50~70 m/min。选择粗车的切削用量时,要看加工时的具体情况,如工件安装是否牢固等。若工件夹持的长度较短或表面凹凸不平,则切削用量不宜过大。

(2) 精车

粗车给精车(或半精车)留的加工余量一般为 0.5~2 mm,加大切削深度对精车来说并不重要。精车的目的是要保证零件的尺寸精度和表面粗糙度的要求。

精车的公差等级一般为 IT8~7,其尺寸精度主要是依靠准确地度量、准确地进刻度并加以试切来保证的。因此操作时要细心、认真。

精车时表面粗糙度 Ra 的数值一般为 2.5~1.6 μm,其保证措施主要有以下几点:

① 选择的车刀几何形状要合适。当采用较小的主偏角是,或副偏角,或刀尖磨有小圆弧时,都会减小残留面积,使 Ra 值减小。

② 选用较大的前角。并用油石把车刀的前刀面和后刀面打磨得光一些,亦可使前角值减小。

③ 合理选择精车时的切削用量。生产实践证明,较高的切速(v_c = 100 m/min 以上)或较低的切速(v_c = 6 m/min 以下)都可获得较小的 Ra 值。但采用低速切削,生产率低,一般只有在精车小直径的工件时使用。选用较小的背吃刀量对减小 Ra 值较为有利。但背吃刀量过小(a_p)小于 0.03~0.05 mm,工件上原来凹凸不平的表面可能没有完全切除掉,也达不到满意的效果。

采用较小的进给量可使残留面积减小,因而有利于减小 Ra 值。

精车的切削用量推荐为:背吃刀量取 0.3~0.5 mm(高速精车)或 0.05~0.10 mm(低速

精车);进给量取 0.1~0.2 mm/r;用硬质合金车刀高速精车时,切削速度 v_c 取 100~200 m/min(切钢)或 60~100 m(切铸铁)。

合理地使用切削液也有助于降低表面粗糙度。低速精车钢件时使用乳化液,低速精车铸铁件时,常用煤油作为切削液。

无论粗车还是精车,首先要对刀,对刀必须在开车之后进行,否则不但不准确,还容易损坏刀具。

2.6 车削加工

2.6.1 车外圆

车外圆时一般需经过粗车和精车两个步骤。如图 2.20 所示,粗车是为了尽快地从毛坯上切除大部分的加工余量,使工件接近图纸要求的形状和尺寸。粗车时对加工质量要求不高,因此在选取切削用量时应优先选取较大的背吃刀量(一般为 0.8~2.5 mm)。以减少吃刀次数,最好一刀切去全部粗车余量。当车床功率不够时,才考虑分两次或两次以上进刀。切削铸件和锻件时,因其表面有硬皮,可先车端面或者先倒角,然后选择较大的背吃刀量,以免刀尖被硬皮磨损,粗车时进给量也应尽量取大些,一般选取 0.3~1.2 mm/r。最后根据背吃刀量、进给量、刀具以及工件材料等来确定切削速度,一般选用中等切削速度 10~80 m/min;工件材料较硬时选较小值,较软时选较大值;采用高速钢车刀时选低些,采用硬质合金车刀时选高些。

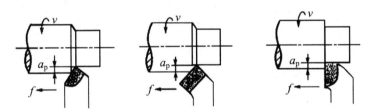

图 2.20 车外圆的基本形式

精车是为了保证工件的尺寸精度和表面质量,此时要适当减小副偏角,刀尖处应磨成有小圆弧的过渡刃,适当加大前角,并用油石仔细地打磨车刀前后面。在选取切削用量时优先选取较高的切削速度,再取较小的进给量,最后根据工件尺寸确定背吃刀量。

2.6.2 车台阶

车阶梯外圆时,不但要控制各段直径尺寸,而且要控制各段轴向尺寸。台阶长度的控制一般用车刀刻线痕。具体有三种方法,一种是用刀尖对准台阶右端面时,记住该处大拖板的刻度值或者调整到"0"位,再转动大拖板手柄到所需长度处,开车用刀尖刻线痕。另外两种是用钢板尺或深度游标卡尺量出台阶的长度尺寸,将车刀尖移至该处,撤走钢板尺或深度游标卡尺,再开车用刀尖刻线痕。

台阶长度的测量如图 2.21 所示。对于未注长度公差的台阶长度可用钢直尺测量;对于尺寸公差要求高的台阶长度,需用深度游标卡尺测量;对大批生产的台阶长度,可用样板测量。

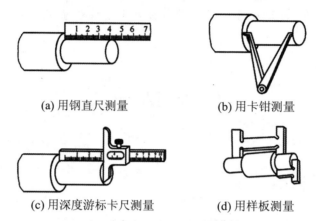

图 2.21 台阶长度的测量

轴上的台阶面可在车外圆时同时车出。如图 2.22(a)所示为车低台阶(台阶高度在 5 mm 以下)时的情况,为使车刀的主切削刃垂直于轴线,装刀时用直角尺对准,如图 2.22(b)所示。为使台阶的长度符合要求,可用刀尖预先刻出线痕,以此作为加工的界限,如图 2.22 所示。台阶高度在 5 mm 以上时应分层进行切削。

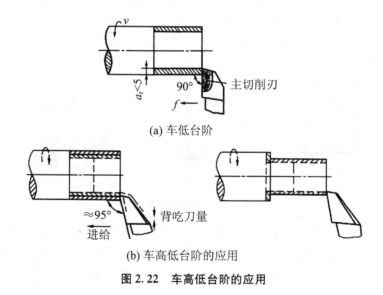

图 2.22 车高低台阶的应用

2.6.3 车端面

车端面时,常用弯头车刀进行,如图 2.23 所示。车刀安装时,刀尖必须准确地对准工件的旋转中心,否则将在端面中心处留有凸台,且易崩坏刀尖。车削端面时,切削速度由外向中心会逐渐减小,将影响端面的表面粗糙度,因此工件切削速度要选高些。接近中心时可停止自动进给,改用手动缓慢进给至中心,可保护刀尖。

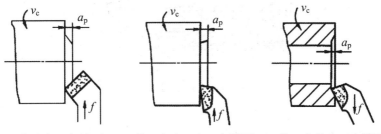

(a) 弯头车刀车端面　(b) 偏刀向中心走刀车端面　(c) 偏刀向外走刀车端面

图 2.23　车端面

切削速度根据工件直径的变化而变化,当车刀由外向里车削时,切削速度由快到慢;反之,则由慢到快。车出的表面较粗糙,因此工件转速可以选择得高一些。为降低表面粗糙度,可由中心向外切削车出的表面较粗糙。用偏刀车端面,当切削深度较大时容易扎刀,所以车端面用弯头刀较为有利,但精车端面时可用偏刀由中心向外进给,这样能提高端面的加工质量。车削直径较大的端面,若出现凹心或凸台时,应检查车刀和刀架是否锁紧以及中拖板的松紧程度。此外,为了使车刀准确地横向进给而无纵向进给,应将大拖板锁紧于床身上,用小拖板来调整切削深度。

2.7　孔 加 工

在车床上可以使用钻头、扩孔钻、铰刀等固定尺寸刀具加工孔,也可以使用内孔车刀镗孔。内孔加工由于在观察、排屑、冷却、测量及尺寸控制等方面都比较困难,刀具的形状、尺寸又受内孔的限制,而且刚性较差,因此加工质量受到影响。同时由于加工内孔不能用顶尖,因而装夹工件的刚性也较差。另外,在车床上加工孔时,工件的外圆和端面必须在同一次装夹中完成加工,这样才能靠机床的精度保证工件内孔、外圆表面的同轴度,以及工件轴线与端面的垂直度。因此在车床上适合加工轴类、盘套类零件中心位置的孔,而不适合加工大箱体、支架类零件上的孔。

2.7.1　钻孔

在车床上钻孔与在钻床上钻孔的切削运动是不一样的,在钻床上加工的主运动是钻头的旋转,进给运动是钻头的轴向进给。在车床上钻孔时,主运动是车床主轴带动工件旋转,钻头装在尾座的套筒里,用手转动手轮使套筒带着钻头实现进给运动,如图 2.24 所示。因此在车床上加工孔不需要划线,而且容易保证孔与外圆的同轴度及孔与端面的垂直度。

一般在车床上用麻花钻钻孔来完成低精度孔的加工,或作为高精度孔的粗加工。在车床上钻孔需要注意以下几点:

① 钻孔前先车好端面,打好中心孔,便于钻头定心。

② 钻孔时要及时退钻排屑,用切削液冷却钻头。进行通孔钻削,快钻通时进给要慢,钻

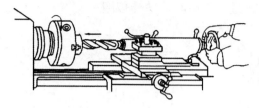

图 2.24 在车床上钻孔

通后要退出钻头再停车。

③ 一般直径 30 mm 以下的孔可用麻花钻直接在实心的工件上进行钻削。若孔径在直径 30 mm 以上，先用直径 30 mm 以下的钻头钻孔后，再用直径 30 mm 以上的钻头扩孔。

钻孔的步骤及方法如下：

① 车平端面。为便于钻头定中心、防止偏钻，应先将工件端面车平，最好在端面处车出一小坑。

② 装夹钻头。钻头锥柄直接装在尾座套筒的锥孔中，直柄钻头用钻夹头夹持。钻头锥柄和尾座套筒的锥孔必须擦干净、套紧。

③ 调整尾座位置。调整好尾座位置，使钻头能进给至所需长度，同时使套筒伸出距离较短，然后将尾座固定。

④ 开车钻削。钻削时，切削速度不应过大，以免钻头剧烈磨损。通常切削速度 v_c 取 $0.3 \sim 0.6$ m/min。开始钻削时进给宜慢，以便使钻头准确地钻入工件，然后加大进给。孔将要钻通时，需降低进给速度，以防折断钻头。孔钻完后，先退出钻头，然后停车。

钻削过程中需经常退出钻头排屑。钻削钢件时需加切削液。

2.7.2 车内孔

在车床上车孔可以扩大孔径、提高精度、降低表面粗糙度和纠正原孔的轴线偏差。车孔刀具制造简单，刀杆细而长，刀头较小；可以加工大直径和非标准孔，通用性强。图 2.25 所示为车内孔时的工作情形。

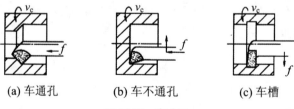

(a) 车通孔　　(b) 车不通孔　　(c) 车槽

图 2.25 车内孔

镗孔操作与车外圆操作基本相同，但要注意以下几点：

① 开车前先使镗刀在孔内手动试走一遍，确认镗刀不与孔干涉后再开车镗孔。

② 粗镗时，切削用量（背吃刀量、进给量）要比车外圆时略小。刀杆越细，背吃刀量也越小。

③ 镗孔的切深方向和退刀方向与车外圆正好相反。

④ 由于刀杆刚性差，产生"让刀"而使内孔成为锥孔，这时需降低切削用量重新镗孔。

镗刀磨损严重时也会产生锥孔,这时需重磨镗刀后再进行镗孔。

车内孔的步骤和方法如下:

① 选择和安装车刀。车通孔应采用通孔车刀,车不通孔(盲孔)用不通孔车刀。车刀杆应尽可能粗些,伸出刀架的长度应尽可能小,以免颤动。刀尖与孔中心等高或略高些。刀杆中心线应大致平行于纵向进给方向。

② 选择切削用量和调整机床。车内孔时,因刀杆细、刀头散热体积小,且不加切削液,因此,车削用量应比车外圆时小些。

③ 粗车先试切,调整背吃刀量,然后以自动进给进行切削。试切方法与车外圆时类似。调整背吃刀量时,必须注意使车刀横向进退方向与车外圆时相反。

④ 精车时背吃刀量和进给量应更小。调整背吃刀量时应利用刻度盘,并用游标卡尺检查工件孔径。当孔径接近最后尺寸时,应以很小的背吃刀量车削几次,以消除孔的锥度。

2.7.3 孔深与孔径的控制和测量

(1) 孔深的控制和测量

可用如图 2.26 所示的方法初步控制镗孔深度后,再用游标卡尺或深度千分尺测量来控制孔的深度。

(a) 用粉笔做标记来控制孔深　　(b) 用铜片控制孔深

图 2.26 控制镗孔深度的方法

(2) 孔径的控制和测量

精度较低的孔径可用游标卡尺测量;精度高的孔径则用内径千分尺或内径百分表测量,如图 2.27(a)所示。对于标准孔径,可用塞规检验,如图 2.27(b)所示,通端能进入孔内,止端不能进入孔内,说明工件的孔径合格,这种内孔尺寸和形状的综合测量方法适合成批量加工时的检验。

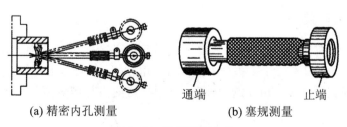

(a) 精密内孔测量　　(b) 塞规测量

图 2.27 孔的测量方法

2.7.4 扩孔

扩孔就是把已用麻花钻钻好的孔的孔径再扩大的加工过程。一般单件低精度的孔,可直接用麻花钻扩孔;成批加工精度要求高的孔,可用扩孔钻扩孔。扩孔钻的刚性好,进给量较大,生产率较高。

2.7.5 铰孔

铰孔是高效率成批精加工孔的方法,孔的加工质量稳定。钻、镗、铰连用是孔加工的典型方法之一,多用于成批生产,或用于单件小批量生产中加工细长孔。

2.8 切槽与切断

2.8.1 切槽

1. 切槽与切槽刀

在工件表面车出沟槽的方法叫做切槽。槽的种类很多,有外槽、内槽和端面槽等,如图2.28 所示。切槽刀与切断刀类似,其刃磨和安装与切断刀基本相同,不同点是刀头宽些,长度短些。对于车外槽可用切断刀,但要注意可用切断刀切槽,但不一定能用切槽刀来切断。

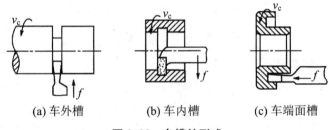

图 2.28 车槽的形式

2. 切槽操作与测量

① 切槽刀如同右偏刀和左偏刀并在一起同时车左、右两个端面。切槽刀安装(如图2.29(a)所示)主切削刃平行于工件轴线,两副偏角相等,刀尖与工件轴线等高。如图2.29(b)所示。当切削宽度小于 5 mm 的窄槽时,可用主切削刃与槽等宽的切槽刀在横向进刀时

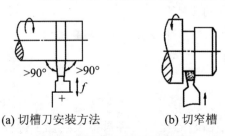

图 2.29 切槽刀安装及切窄槽

一次车出。当切削宽度大于 5 mm 的宽槽时,可按图 2.30 所示方法切削。末一次精车的顺序,对于宽槽,一般先分段横向粗车,槽深留余量 0.5 mm,最后一次横向车槽至所需深度,立即进行纵向精车至槽宽的另一端。

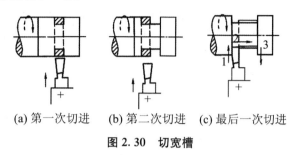

(a) 第一次切进　　(b) 第二次切进　　(c) 最后一次切进

图 2.30　切宽槽

对于宽度在 50～100 mm 甚至大于 100 mm 的外槽,应先用弯头车刀车外圆的同时横向逐渐切入至槽深,利用纵向进给车出槽宽,槽宽的两端再用切槽刀接平。大宽度槽的两端面与槽底往往是圆弧连接,这时切槽刀的两刀尖也应磨成相应的刀尖圆弧。

② 切槽可参照切断的操作,但要掌握槽宽度和深度的尺寸控制,一般 4 mm 以内宽度的外槽,采用刃磨与槽宽相等的切槽刀宽度来控制。槽的深度利用中拖板来控制。切槽刀接触外圆时的刻度值至切深处的刻度值之差,即为槽深。槽的深度和宽度还可用游标卡尺和千分尺测量,如图 2.31 所示。

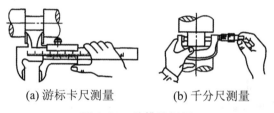

(a) 游标卡尺测量　　(b) 千分尺测量

图 2.31　外槽的测量

2.8.2　切断

切断用切断刀。常用的切断方法有直进法和左右借刀法两种,如图 2.32 所示,直进法用于切断铸铁等脆性材料;左右借刀法常用于切断钢等塑性材料。

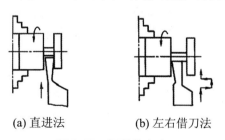

(a) 直进法　　(b) 左右借刀法

图 2.32　切断的方法

切断时应注意的事项:

① 切断时,工件一般用卡盘夹持。工件的切断处应距卡盘近些,以免切削时工件振动。

② 正确安装切断刀。若刀尖装得过高或过低,其情形与端面车刀装得过高或过低相

似,切断处均会有凸起部分,且刀头容易折断。车刀伸出刀架的长度不要过长,但必须保证切断时刀架不会碰到卡盘。有时可采用左右借刀法,这样,切断刀减少了一个摩擦面,便于排屑和减少振动。

③ 切断时应降低切削速度,并尽可能减小主轴和刀架滑动部分的间隙。

④ 切断时,用手均匀而缓慢地进给,即将切断时需要放慢进给速度,以免刀尖折断。

⑤ 切削钢件时,需加切削液进行冷却润滑;切铸铁时,一般不加切削液,但必要时可用煤油进行冷却润滑。

2.9 车 圆 锥 面

把工件车削成圆锥形表面的方法称为车圆锥面。在各种机械中,除采用圆柱体和圆柱孔作为配合表面外,很多零件之间采用圆锥面作为配合表面,圆锥面配合紧密,不但装拆方便,而且多次拆卸仍能保证准确的定心作用;锥度较小的锥面还可传递转矩,如车床主轴孔与顶尖的配合,尾座套筒锥孔与尾座顶尖的配合,带锥柄的钻头、铰刀与钻头套的配合,以及动力机中的气阀与气阀座的配合等,应用非常广泛。

2.9.1 圆锥的种类

常用的工具圆锥有下列三种。

(1) 常用的专用标准锥度

不同锥度有不同的使用场合,常用 1∶4、1∶20、1∶30、7∶24 等。例如,铣刀柄锥体与铣床主轴锥孔用 7∶24 锥度。

(2) 公制圆锥

公制圆锥有 40、60、80、100、120、140、160、200 八个号码,每种号码表示圆锥的大端直径。例如,60 号表示该圆锥大端直径为 60 mm。公制圆锥的锥度都为 1∶20,常作为工具圆锥。

(3) 莫氏圆锥

莫氏圆锥有 0、1、2、3、4、5、6 七个号码,6 号最大,0 号最小。号数不同,锥度也不相同。莫氏圆锥应用广泛,如车床主轴孔、车床尾座套筒孔、麻花钻钻柄、铰刀柄、顶尖柄、钻床主轴孔等。

2.9.2 车圆锥面的方法

(1) 宽刀法

如图 2.33 所示,用与工件轴线成锥面斜角 α 的平直切削刃(其长度略大于待加工锥面的长度)直接车圆锥面。

此法的优点是方便、迅速,能加工任意角度的圆锥面;缺点是加工的圆锥体不能太长,并要求机床与工件具有较好的刚性。适用于批量生产中加工较短的内、外锥面。

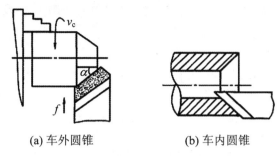

(a) 车外圆锥　　　　(b) 车内圆锥

图 2.33　成型车刀车削圆锥面

(2) 转动小滑板法

如图 2.34 所示,根据零件锥角 α 将小滑板旋转 α 角(中滑板上有刻度),紧固转盘后转动小滑板手柄,即可斜向进给车出圆锥面。

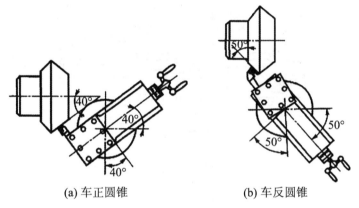

(a) 车正圆锥　　　　(b) 车反圆锥

图 2.34　转动小滑板法车锥面

此法操作简单,能保证一定的加工精度,可车内、外锥面及锥角很大的锥面,因此应用广泛。但加工长度受小滑板行程的限制,且只能手动进给,锥面表面粗糙度较大;单件、小批量生产中常用此法。

(3) 偏移尾座法

如图 2.35 所示,把尾座顶尖偏移一个距离,使安装在两顶尖间的工件锥面的母线平行于纵向进刀方向,车刀作纵向进给即可车出圆锥面。偏移尾座法能加工较长的锥面,并能自

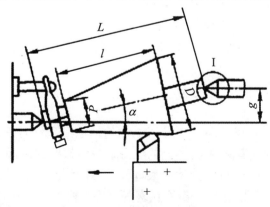

图 2.35　偏移尾座法车锥面图

动进给,获得较低的表面粗糙度($Ra3.2$~1.6);但由于受到尾座偏移量的限制,一般只能加工锥面斜角 $\alpha<8°$ 的锥面,也不能加工内锥面。

(4) 靠模法

大批量生产中常用(如图 2.36 所示)靠模法车圆锥面。靠模装置的底座固定在床身的后面,底座上面装有锥度靠模板,它可以绕中心轴线旋转到与工件轴线成 α 的角度。滑块可沿着靠模板滑动,而滑块又用固定螺钉与中滑板连接在一起。为了使中滑板能自由地滑动,必须将中滑板上的丝杠与螺母脱开。为了便于调整背吃刀量,小滑板必须转过 $90°$。当床鞍作纵向自动进给时,滑块就沿着靠模板滑动,从而使车刀的运动平行于靠模板,车出需要的圆锥面。此法适用于车削锥斜角 $\alpha<12°$ 的内、外长锥面,可获得的表面粗糙度 $Ra = 6.3$~$1.6~\mu m$。

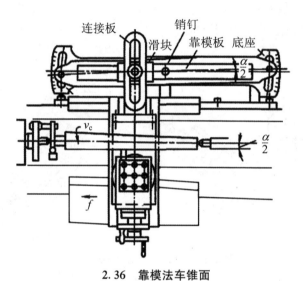

2.36 靠模法车锥面

2.9.3 车圆锥面的操作要点

① 刀尖轨迹与工件轴线之间所夹的斜角必须正确。因为斜角正确与否直接影响工件的锥度是否准确。

② 安装车刀时,必须使刀尖与车床主轴轴线等高。若刀尖装得不准,车出的圆锥母线不直,有中间凹进去的现象;当大径 D 正确时,小端直径 d 增加,使得锥度变小。

③ 要认真检验。因为圆锥不像圆柱那样比较容易测量,所以更要细心,防止差错。

2.9.4 圆锥面的检测方法

① 用套规检验锥体:先在工件锥体母线上均匀地涂三条红丹粉线,把套规轻轻套入锥体,转动 $1/3$~$1/2$ 转,拔出套规,如锥体上的红丹粉被均匀地擦去,说明锥度正确;若大端表面被擦去,小端表面未被擦去,说明锥度太大,反之则锥度太小。

② 用锥度塞规检验锥孔:把红丹粉涂在塞规上进行检验,方法同检验锥体。

③ 用锥度套规和塞规检验圆锥表面的另一种方法如图 2.37 所示,只要保证锥孔大端

面在插入的塞规大端两条刻线外,或锥体小端面在套入的套规小端处的台阶孔间,即说明圆锥大端直径尺寸和小端直径尺寸在公差范围内。大锥度工件的锥度可用万能角度尺检验,或用样板检验。

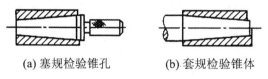

图 2.37　圆锥表面的检测方法

2.10　车螺纹和滚花

2.10.1　车螺纹

螺纹的种类很多,有米制螺纹和英制螺纹;按牙型分有三角形螺纹、梯形螺纹、矩形螺纹等,如图 2.38 所示。其中,普通米制三角形螺纹的应用最广泛。这些螺纹都可在车床上加工。

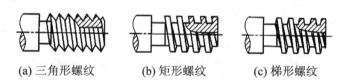

图 2.38　螺纹种类

在车床上加工各种螺纹时,为了获得正确的螺距,必须用丝杠带动刀架进给,使工件每转一周,刀具移动的距离等于工件的螺距或导程(单头螺纹为螺距,多头螺纹为导程),加工螺纹时的传动路线如图 2.39 所示。由图可见,更换配换齿轮或操纵进给箱手柄,即可改变丝杠的转速,从而车出不同螺距或导程的螺纹。如图 2.39 所示,三星轮的配置是为了改变刀具移动的方向,以满足车削左、右旋螺纹的需要。

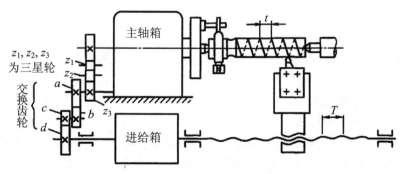

图 2.39　车螺纹时的传动路线

2.10.2 螺纹各部分的名称及尺寸计算

普通螺纹各部分名称如图 2.40 所示。大写字母为内螺纹各名称的代号,小写字母为外螺纹各名称的代号。

① 大径(公称直径) $D(d)$。
② 中径 $D_2(d_2) = D(d) - 0.6495P$。
③ 小径 $D_1(d_1) = D(d) - 1.08P$。
④ 螺距 P,相邻两牙在轴线方向上对应点间的距离。
⑤ 牙形角 α,螺纹轴向剖面内螺纹两侧面的夹角,公制为 60°,英制为 55°。
⑥ 线数 n,同一螺纹上螺旋线根数。
⑦ 导程 L,$L = nP$,当 $n = 1$ 时,$P = L$,一般三角螺纹为单线螺纹,螺距即为导程。

其中,P、α、$D_2(d_2)$ 是决定螺纹的三个基本要素,只有当这三个参数一致时,内外螺纹才能配合良好。

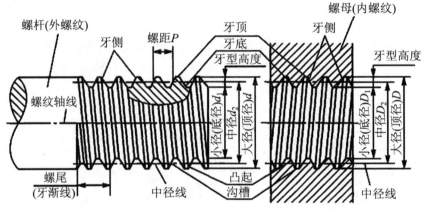

图 2.40 螺纹各部分的名称

2.10.3 车三角螺纹

在车床上车三角螺纹,有高速钢车刀低速车削和硬质合金车刀高速车削两种方法。

1. 高速钢车刀低速车削三角螺纹

螺纹截面形状的精确度取决于螺纹车刀刃磨后的形状及其在车床上安装的位置是否正确,车刀可用整体式高速钢螺纹车刀,如图 2.41(a)所示。但如果选用如图 2.41(b)所示弹性刀杆装夹的高速钢螺纹车刀,可避免车削时扎刀,车削的螺纹表面质量也高。

对精度要求不高的螺纹或粗加工时,高速钢车刀磨出前角 7°~10°,则刀尖角应为 59°,前角越大,刀尖角越小。三角螺纹的螺旋升角很小,可忽略不计,故只要磨出车刀两侧后角为 6°~8°即可。对精度要求高的螺纹或精加工时,刀尖角应等于螺纹牙型角(公制为 60°,英制为 55°),前角 0°,以保证得到正确的牙型。螺纹车刀刃磨后,车刀前、后面表面粗糙度 Ra 要低。精车时,可用油石研磨螺纹车刀前后刀面,以提高精车质量。

 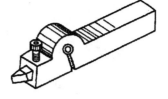

(a) 整体式高速钢螺纹车刀　　　　(b) 弹性刀杆装夹的高速钢螺纹车刀

图 2.41　高速钢螺纹车刀的形式

刃磨螺纹车刀,一般用样板测量刀尖角,如图 2.42 所示。测量时,样板水平放置,与刀尖的基面在同一平面,用透光法检验刀尖角。

螺纹车刀安装时,刀尖中心与车床主轴轴线严格等高,刀尖角的等分线垂直于主轴轴线,使螺纹两牙型半角相等,可用如图 2.43 所示的样板对刀。

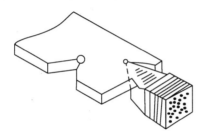 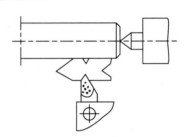

图 2.42　螺纹车刀的刃磨　　　　　　图 2.43　外螺纹刀车刀的安装

车螺纹时,要选择好切削用量,一般粗车选切削速度 13～18 m/min,每次背吃刀量 0.15 mm 左右,计算好吃刀次数,留精车余量 0.2 mm;精车选切削速度 5～10 m/min,每次背吃刀量 0.02～0.05 mm,总切削深度为 1.08P。

为了避免车刀与螺纹槽对不上而产生"乱扣",在车削过程中和退刀时应始终保持主轴至刀架的传动系统不变,即不得脱开传动系统中任何齿轮或开合螺母。如果车床丝杠螺距是工件导程的整数倍,可在正车时按下开合螺母手柄车螺纹,扳起开合螺母手柄停止进给。反之车床丝杠螺距与工件导程不成整倍数关系,则不能提起开合螺母。

在粗车螺纹时用这种方法可提高效率。精车螺纹时,还是用倒车退刀,不要扳起开合螺母,这样容易控制加工尺寸和表面粗糙度。车螺纹时要不断用切削液冷却、润滑工件。

2. 硬质合金螺纹车刀高速车削三角螺纹

硬质合金螺纹车刀的几何角度如图 2.44 所示。刀尖磨出 R0.5 mm 圆弧,两主切削刃负倒棱。

硬质合金车刀高速车削三角螺纹的车削方法与用高速钢车刀相同,切削速度 v_c = 20～50 m/min,每次的背吃刀量粗车取 0.25 mm,精车取 0.15 mm。

高速车削螺纹,生产率高,但对车削操作技术的要求较高。如退刀时间往往在几分之一秒内,要有熟练的操作技术,不然会撞坏刀具,造成设备事故。

高速车削螺纹时切削力大,弹性变形引起的螺纹牙型误差也较大,而且常会产生刀尖碎裂,使刀具材料的碎粒嵌入螺纹中,如不清除这些碎粒,车刀将在以后的车削中产生崩刃。清除这些碎粒可用手锯锯削的方法,至出现工件粉屑为止。

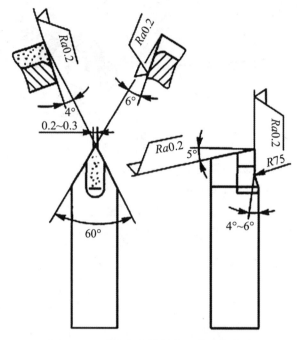

图 2.44 硬质合金螺纹车刀的几何角度

3. 车削螺纹的操作方法

车螺纹的方法如图 2.45 所示。螺纹快要车尖时,就要锉去毛刺,停车,用螺纹量规测量中径或用与之配合的螺母检验。

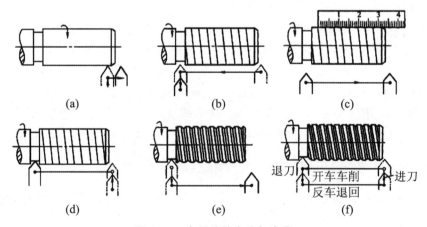

图 2.45 车螺纹的方法与步骤

① 开车,使车刀与工件轻微接触,记下刻度盘读数,向右退刀,如图 2.45(a)所示。

② 合上开合螺母,在工件表面上车出一条螺旋线,横向退出车刀,停车,如图 2.45(b)所示。

③ 开反车使车刀退到工件右端,停车,用金属直尺或游标卡尺检查螺距是否正确,如图 2.45(c)所示。

④ 利用刻度盘调整背吃刀量,开车切削,如图 2.45(d)所示。

⑤ 将车至行程终了时,应做好退刀停车准备,先快速退刀,然后停车,开反车退回刀架,如图 2.45(e)所示。

⑥ 再次横向进背吃刀量,继续切削,其切削过程的路线如图 2.45(f)所示。

4. 车削螺纹的注意事项

① 为避免车刀与螺纹槽对不上而产生"乱牙",在车削过程中和退刀时,始终保持主轴至刀架的传动系统不变,也就是不能脱开传动系统中任何齿轮或开合螺母。但当丝杠螺距与工件的螺距之比为整数时,则可在不切削时脱开开合螺母,再次切削时,随时合上开合螺母。

② 车刀在刀架上的位置(包括车刀装夹位置和小刀架位置)应始终保持不变。如中途需卸下进行刃磨,则再装上时应重新对刀。必须在合上对开螺母使刀架移动到工件的中间后,停车进行对刀。此时,移动小刀架使车刀切削刃与螺纹槽相吻合即可。

③ 工件与主轴的相对位置不得改变。若取下工件测量时,不得松开卡箍。重新装上工件时,需恢复卡箍与拨盘间原来的相对位置,并且需要对刀检查。

2.10.4 滚花

用滚花刀在工件表面压出直线或网纹的方法称为滚花。滚花刀按花纹分为直纹和网纹两种类型;按花纹的粗细也分为多种类型;按滚花轮的数量又分为单轮、双轮和三轮三种,如图 2.46 所示。

图 2.46 滚花刀的类型

滚花时,工件以低速旋转,滚轮柄装夹在刀架上,用横向进给,压紧工件表面,花纹深度与滚花轮压紧工件表面的程度有关,但不能一次压得太紧,应边滚边加深。为了避免破坏滚花刀和防止细屑滞塞在滚花刀内而产生乱纹,应充分供给切削液,如图 2.47 所示。

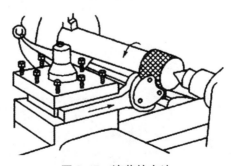

图 2.47 滚花的方法

工件经滚花后，可增加美观度，便于握持，常用于螺纹环规、千分尺的套管、手拧螺母等。

思考与练习

一、简答题
1. 切削液的主要作用是什么？
2. 什么是背吃刀量、进给量和切削速度？
3. 车螺纹时，产生扎刀是什么原因？
4. 划线在加工中所起的作用有哪些？
5. 主轴箱内有哪些结构？

二、问答题
1. 什么叫前角？
2. 切削速度的定义是什么？
3. 圆锥面接合有哪些特点？
4. 车削加工必须具备哪些运动？
5. 表面粗糙度对机器零件的使用性能有哪些影响？
6. 螺旋传动的优缺点有哪些？
7. 卧式车床有哪些主要部件组成？
8. 在机械制造中使用夹具的目的是什么？

项目 3　铣 削 加 工

教学目的

1. 了解铣床的性能及主要组成结构和用途、各种铣刀的结构特点及应用。
2. 掌握铣削加工的基本知识、铣削特点及加工范围。
3. 掌握铣床常用附件的功能及加工范围。

教学内容

1. 铣削实习安全须知。
2. 万能卧式升降台铣床的主要组成部件的名称及作用。
3. 铣床附件、铣刀与铣削工艺。

教学难点

铣削各种典型表面的方法。

3.1　铣削加工实习安全须知

3.1.1　铣削安全操作规程

① 上班前穿好工作服和工作鞋,戴好工作帽;高速铣削或刃磨刀具时应戴防护镜;严禁戴手套进行操作。

② 操作前检查机床各手柄是否放在规定的位置上,检查各进给方向自动停止挡铁是否紧固在最大行程以内;检查主轴和进给系统工作是否正常;检查油路是否畅通;检查夹具和工件是否装夹牢固。

③ 装卸工件、更换铣刀、擦拭机床时必须停机。

④ 不得在机床运转时变换主轴转速和进给量。

⑤ 在进给过程中不准抚摸工件加工表面,机动进给完毕,应先停止进给,再停止铣刀旋转。

⑥ 铣刀的旋转方向要正确,主轴未停稳不准测量工件。
⑦ 铣削时,铣削层深度不能过大,毛坯工件应从最高部分逐步切削。
⑧ 使用"快进"时要注意观察,防止铣刀与工件相撞。
⑨ 要用专用工具清除切屑,禁止用嘴吹或用手抓。
⑩ 工作时要集中思想,专心操作,不准擅自离开机床。离开时要关闭电源。
⑪ 操作过程中如发生事故,应立即停机,并切断电源,保护现场。
⑫ 工作台面和各导轨面上不能直接放置工具和量具。
⑬ 工作结束后应及时擦净机床并加润滑油。
⑭ 电器部分不准随意拆开和乱接,发现电器故障应及时请电工维修。

3.1.2 文明生产的基本要求

① 机床应做到每天一小擦,每周一大擦,按时进行一级保养。保持机床整齐清洁。
② 操作者对周围场地应保持整洁,地上无油污、积水和积油。
③ 操作时,工具与量具应分类整齐地安放在工具架上,不要随便乱放在工作台上或与切屑等混在一起。
④ 高速铣削或冲注切削液时,应加放挡板,以防切屑飞出及切削液外溢。
⑤ 工件加工完毕,应安放整齐,不乱丢乱放,以免碰伤工件表面。
⑥ 注意保持图样、工艺文件等的清洁与完整。

3.2 铣 床 概 述

3.2.1 铣削加工的范围

在铣床上用铣刀进行切削加工称为铣削。铣床的加工范围很广,可以加工平面(按加工时所处位置又分为水平面、垂直面、斜面)、台阶面、各种沟槽(包括键槽、直角槽、角度槽、燕尾槽、T形槽、圆弧槽、螺旋槽)和成型面等,也可进行分度工作,有时也在铣床上进行孔的加工(钻孔、扩孔、铰孔、镗孔),如图3.1所示为铣削加工部分零件的实例。

3.2.2 铣削的加工精度

由于铣床的主运动是铣刀的旋转运动,与刨床相比较,它的切削速度高,又是多刃连续切削,所以生产率较高。铣削的加工精度为IT9~7,表面粗糙度值 Ra 为 $6.3 \sim 1.6 \mu m$。

3.2.3 铣削加工工艺特点

铣削加工是应用较为广泛的加工工艺,其主要特点为:

项目 3　铣削加工

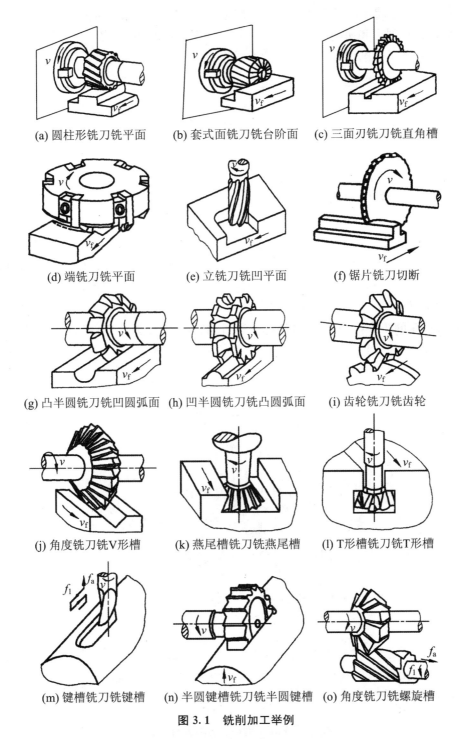

(a) 圆柱形铣刀铣平面　(b) 套式面铣刀铣台阶面　(c) 三面刃铣刀铣直角槽

(d) 端铣刀铣平面　(e) 立铣刀铣凹平面　(f) 锯片铣刀切断

(g) 凸半圆铣刀铣凹圆弧面　(h) 凹半圆铣刀铣凸圆弧面　(i) 齿轮铣刀铣齿轮

(j) 角度铣刀铣V形槽　(k) 燕尾槽铣刀铣燕尾槽　(l) T形槽铣刀铣T形槽

(m) 键槽铣刀铣键槽　(n) 半圆键槽铣刀铣半圆键槽　(o) 角度铣刀铣螺旋槽

图 3.1　铣削加工举例

① 生产率较高。由于铣刀是多齿刀具，铣削时有几个刀齿同时参加切削，总的切削宽度较大。铣削的主运动是铣刀的旋转，有利于高速铣削，所以铣削的生产率一般比刨削高。

② 刀齿散热条件较好。铣刀刀齿在切离工件的一段时间内，可以得到一定的冷却，散热条件较好。但是，切入和切出时热和力的冲击将加速刀具的磨损，甚至可能引起硬质合金刀片的碎裂。

③ 容易产生振动。由于铣削时参加切削的刀齿数以及在铣削时每个刀齿的切削厚度的变化,会引起切削力和切削面积的变化,因此,铣削过程不平稳,容易产生振动。铣削过程的不平稳性,限制了铣削加工质量和生产率的进一步提高。

3.3 铣床及铣刀

3.3.1 常用铣床和基本部件

铣床的种类很多,常用铣床有 X6132 型卧式万能升降台铣床(如图 3.2 所示)、X5032 型立式升降台铣床(如图 3.3 所示)、龙门铣床及数控铣床等。前两种铣床在操纵机构和传动变速等方面都基本相同,其主要不同点就是卧式万能升降台的主轴为水平安置,而立式升降台铣床的主轴位置与工作台面垂直,并可以在纵向的垂直面内向左或向右回转 45°;卧式万能升降台铣床的工作台、升降台这两部分通过回转盘和床鞍配合连接,并且回转盘可在床鞍上顺时针或逆时针回转 45°,而立式升降台铣床没有回转盘结构,工作台在水平面内不能扳转角度。

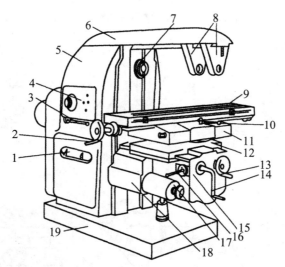

1-电气控制部分;2-工作台纵向手动进给操纵手柄;3-主轴变速操纵手柄;4-主轴变速机构;5-床身;
6-悬梁;7-主轴;8-铣刀杆支架;9-工作台;10-工作台纵向机动进给操纵手柄;11-回转盘;
12-床鞍;13-工作台横向手动进给操纵手柄;14-工作台垂直方向手动进给操纵手柄;15-升降台;
16-工作台横向及垂直方向机动进给操纵手柄;17-进给变速机构;18-进给变速齿轮箱;19-底座

图 3.2 X6132 型卧式万能升降台铣床

龙门铣床具有足够的刚度,适用于强力铣削,加工大型零件的平面、沟槽等。机床装有二轴、三轴甚至更多主轴以进行多刀、多工位的铣削加工,生产率很高。

另外,铣镗加工中心在生产中也获得了广泛应用。它可承担中小型零件的铣削或复杂面的加工。铣镗加工中心可进行铣、镗、铰、钻、攻螺纹等综合加工,在一次工件装夹中可以

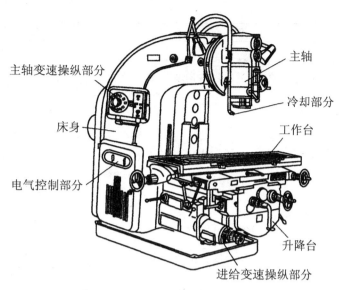

图 3.3　X5032 型立式升降台铣床

自动更换刀具,进行多工序操作。

下面以 X6132 型卧式万能升降台铣床为例解释其型号的含义:X 为铣床类,6 为卧式铣床组,1 为万能升降台铣床型,32 为工作台台面宽度为 320 mm。

下面以 X6132 型卧式万能升降台铣床为例进行介绍,见表 3.1。

表 3.1　X6132 型卧式万能升降台铣床基本部件及其功用

部件名称	功　用	说　明
床身	是铣床的主体,并用来安装和连接铣床其他部件。床身的正面前壁有燕尾形垂直导轨,用以引导升降台做上下移动。床身的顶部有燕尾槽水平导轨。床身内部装有主轴和主轴变速机构,后部装有电动机	床身一般用优质铸铁材料铸成,内部用筋条连接,以增加刚度
悬梁	悬梁可在床身顶部的燕尾槽水平导轨内水平移动,在悬梁一端可安装支架(图示),用来支承铣刀杆外端小颈 在悬梁上安装支架	松开悬梁紧固螺母。拧转调整螺钉(图示),可使悬梁伸至所需要长度。然后将螺母固紧,使悬梁固定 调整悬梁伸出长度
主轴	主轴带动铣刀杆和铣刀做旋转运动。铣削时主轴前端的锥孔内安装着铣刀杆和铣刀。主轴传动机构安装在床身内部,由五根轴和一系列齿轮所组成	主轴前部的锥孔锥度为 7∶24
升降台	铣床的进给传动系统中的电动机、变速机构和部分传动件都安装在升降台内	升降台下面有一垂直丝杠,它不仅可以使工作台升降,还支持着升降台的质量

续表

部件名称	功 用	说 明
工作台	工作台用来安装工件。它可以纵向手动、机动和快速移动，并且通过横向滑板和升降台，还可实现横向和垂直方向的手动、机动和快速移动	松开回转盘处的紧固螺钉，可将工作台扳动一个所需要角度
主轴变速机构	主轴变速机构安装在床身的侧面，扳动变速操纵手柄，通过内部的拨叉拨动传动机构的滑动齿轮，使主轴得到18种转速	铣床主轴的转速为：30、37.5、47.5、60、75、95、118、150、190、235、300、375、475、600、750、950、1180、1500 r/min，均刻在变速手柄处的蘑菇状转速盘上
进给变速机构	该机构用来变换工作台的进给速度。它是一个独立部件，安装在升降台的左下边，由升降台内的进给电动机带动。它通过传动轴和齿轮传动，使工作台得到纵向和横向的18种直线进给速度	工作台直线进给速度为：23.5、30、37.5、47.5、60、75、95、118、150、190、235、300、375、475、600、750、950、1180 mm/min；垂直进给速度为纵向、横向进给量的三分之一
底座和冷却系统	底座用来支承床身，承受铣床的全部质量。底座内盛储切削液。切削液泵装在床身下面底座内，它将切削液沿着管子输送到喷嘴，对工件和铣刀进行冷却。喷嘴可以根据需要调整位置及角度	

3.3.2 常用铣床的基本操作

下面仍以 X6132 型卧式万能升降台铣床为例来说明其基本操作方法，见表3.2。

表3.2 X6132型卧式万能升降台铣床基本操作

操作内容	图 示	操作方法	说 明
主轴变速的操作	(转速盘、指针、冲动开关螺钉、槽2、固定环、变速手柄)	操纵床身侧面的变速手柄（图3.2中的3），按下列步骤进行变速： (1) 手握变速手柄球部向下压，使定位的楔块脱出固定环的槽1位置，然后，将手柄向左推，使定位的楔块进入固定环的槽2内，这时，手柄处于脱开的位置Ⅰ； (2) 转动转速盘，将所选择的转数对准指针； (3) 下压变速手柄，手柄从Ⅰ到Ⅱ快些扳动，然后在Ⅱ处停顿一下，再将变速手柄慢慢推回Ⅲ处，这时，楔块嵌入槽1内，变速手柄回到原来位置	变速过程中，当发现主轴箱内齿轮撞击声过高，应停止扳动手柄，并迅速将铣床电源断开，以防止打坏齿轮。 操作时，连续变速不应超过三次，若必须再变速，应间隔5min后再进行，以避免启动电流过大而导致电动机线路烧坏等事故

续表

操作内容		图示	操作方法	说明
工作台手动进给的操作	纵向手动进给	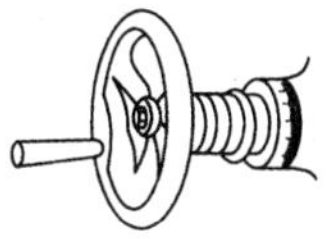	操作时,先向内推动手柄,使手轮处的手动进给离合器相啮合。转动手柄,就能带动工作台做相应纵向或横向或垂直方向的手动进给运动。 顺时针转动手柄,工作台前进;反之,工作台后退	工作台纵向手动进给操纵手柄的位置见图3.2中的2;工作台横向手动进给操纵手柄的位置见图3.2中的13;工作台垂直方向手动进给操纵手柄的位置见图3.2中的14。 工作台手动进给手柄处的刻线盘上有若干条刻线,它每摇转一小格,工作台移动0.05 mm。手动进给时,通过刻度盘可控制工作台移动距离。 操作中,当转过了所需要的刻度时,应向回多摇转几格,然后再转到所需刻度线上,这是为了消除工作台丝杠和螺母配合间隙的影响
	横向手动进给			
	垂直方向手动进给			
进给变速的操作		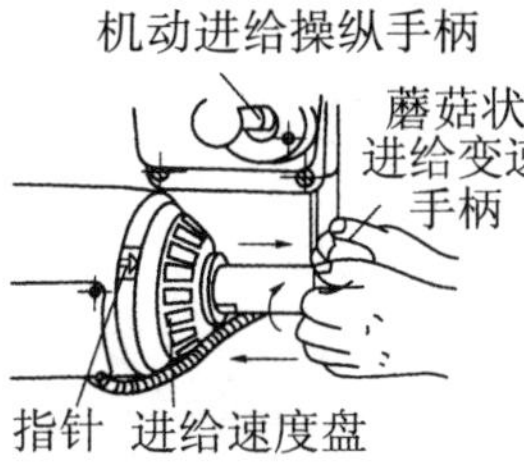 工作台横向和垂直方向机动进给操纵手柄 蘑菇状进给变速手柄 指针 进给速度盘	变换进给速度时,向外拉出蘑菇状进给变速手柄,并转动变速手柄,带动进给速度盘旋转,当所需要的进给速度值对准指针后,将进给变速手柄向里推回到原位,进给变速操作完毕	工作台的运动速度由进给变速箱内的变速机构来完成和控制,进给变速手柄位于图3.2中的17处
工作台机动进给的操作		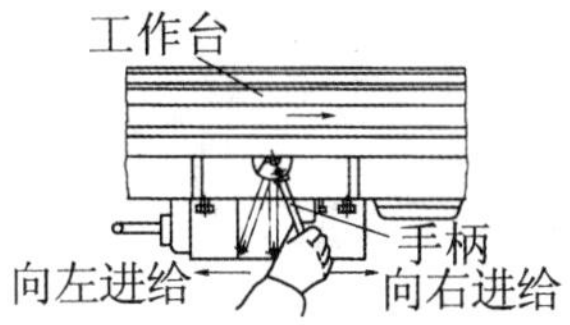 工作台 向左进给 手柄 向右进给 工作台纵向机动进给的操作	纵向机动进给操纵手柄有三个位置,即"向右进给"、"向左进给"和"停止"。当向左扳动手柄,工作台会向左移动;向右扳动手柄,工作台会向右移动。手柄指向就是工作台的机动进给方向	工作台纵向机动进给操纵手柄位置见图3.2中的10。 工作台横向和垂直方向机动进给操纵手柄位置见图3.2中的16。 操作时一次只能操纵一个手柄实现一个方向的机动进给运动。为了保证机床设备的安全,X6132型铣床的纵向与横向、垂直方向机动进给之间由电气系统保证互锁,而横向与垂直方向机动进给之间的互锁是由单手柄操纵的机械动作来控制和保证的
		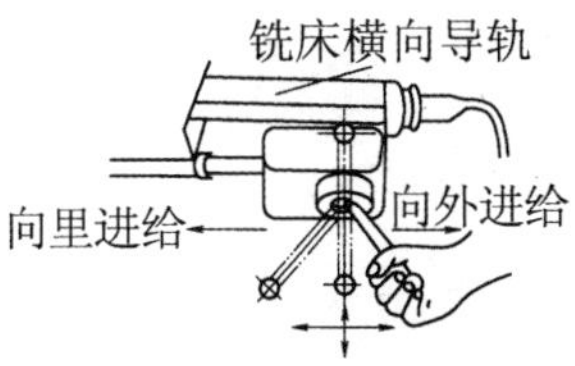 铣床横向导轨 向里进给 向外进给 工作台横向和垂直方向机动进给的操作	横向和垂直方向机动进给由同一手柄操纵。该操纵手柄有五个位置,即"向里进给"、"向外进给"、"向上进给"、"向下进给"和"停止"。扳动手柄,手柄指向就是工作台的机动进给方向	
		工作台机动进给过程中,如果同时按下"快速"按钮,这时工作台即向该方向进行快速移动		

3.3.3 铣刀

1. 铣刀的种类与应用

铣刀是一种多齿刀具,切削时每齿周期性地切入和切出工件,对散热有利,铣削效率较高。铣刀的种类很多,常用铣刀的种类如图 3.4 所示。

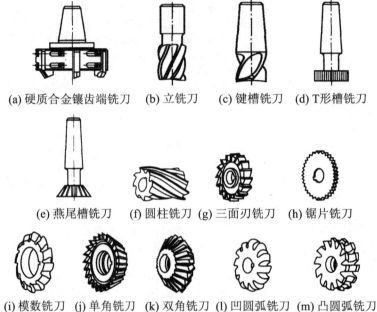

图 3.4 常用铣刀的种类

根据安装方法,铣刀分为带柄铣刀和带孔铣刀两大类。

(1) 带柄铣刀

立铣刀可分为直柄、锥柄两种,可加工平面、台阶面、键槽和直槽等。直柄铣刀直径为 2～20 mm,锥柄铣刀直径为 14～50 mm。此外还有 T 形、燕尾形等带柄铣刀。

(2) 带孔铣刀

常用带孔铣刀及其作用如下:

① 圆柱铣刀:可加工平面。
② 三面刃铣刀:可加工平面、直槽。
③ 锯片铣刀:可加工直槽并切断工件。
④ 模数铣刀:可加工齿轮、齿条。
⑤ 凸半圆铣刀:可加工凹半圆槽。
⑥ 凹半圆铣刀:可加工凸半圆。
⑦ 不对称角度铣刀:可加工斜面。
⑧ 对称角度铣刀:可加工斜面、V 形槽。

2. 铣刀的安装

(1) 带柄铣刀安装

目前,铣床主轴一般采用锥度为 7∶24 的内锥孔,而铣刀锥柄锥度为莫氏锥度。由于两种锥度规格不同,所以安装时就根据铣刀锥柄尺寸选择合适的过渡锥套。过渡锥套的外锥是 7∶24,与主轴孔相配,内锥与铣刀锥柄配合,用拉杆将铣刀及过渡锥套一起拉紧在主轴端部的锥孔内。图 3.5(a)所示为锥柄铣刀安装方法,根据铣刀锥柄的大小,选择合适的变锥套,将各配合表面擦净,用拉杆把铣刀及变锥套一起拉紧在主轴上。图 3.5(b)为直柄铣刀的安装方法,直柄铣刀直径不大于 20 mm,多用弹簧夹头进行安装。铣刀的圆柱状直柄插入弹簧套的光滑孔中,用六角螺母的内端面压紧弹簧套的端面,从而使弹簧套的外锥面挤紧在夹头体的锥孔中而将铣刀夹紧。通过更换不同内径的套,便可安装 20 mm 以内的直柄铣刀。

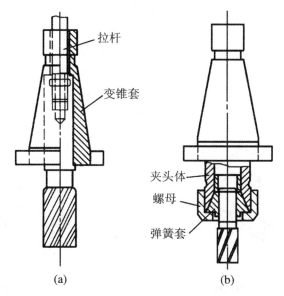

图 3.5 带柄铣刀的安装

(2) 带孔铣刀安装

带孔铣刀一般在卧式铣床刀杆上安装。如图 3.6 所示。刀杆的左边为锥体,装入在铣床主轴前端锥孔中,并用螺纹拉杆穿过铣床空心主轴将刀杆拉紧。主轴的动力通过锥面和前端的端面键,带动刀杆旋转。铣刀在刀杆上任何位置可用不同宽度的套筒来调节,并用螺母锁紧,铣刀装在刀杆上就靠近主轴的前端,以减少刀杆的变形。

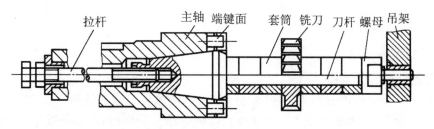

图 3.6 带柄铣刀的安装

3.3.4 铣床常用附件

常用铣床的附件有平口钳、回转工作台、万能铣头、万能分度头等。

1．平口钳

平口钳有固定钳口和活动钳口，通过丝杠螺母改变钳口间距离，可装夹直径不同的工件。平口钳装夹工件方便，节省时间，效率高，适合装夹板类零件、轴类零件、方体零件。

2．回转工作台

回转工作台又称转盘或圆形工作台，其外形如图 3.7 所示。它的内部为蜗轮蜗杆传动，摇动蜗杆手轮，通过蜗杆轴，直接使转台转动。转台周围有刻度，可用来观察和确定转台位置。拧紧固定螺钉，转台就可以固定不动。转台中央的孔用以确定工件的回转中心，当底座上的槽和铣床工作台上的T形槽对齐后，即可用螺栓把回转工作台固定在铣床工作台上。

回转工作台一般用于铣削圆弧形的沟槽及较大零件的分度工作。图 3.8 所示为铣圆弧槽的情况。工件安装在回转工作台上，铣刀旋转，用手均匀摇动手轮，使工作台带动工件作缓慢的圆周进给，即可铣出圆弧槽。

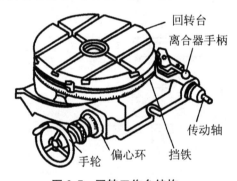

图 3.7　回转工作台结构

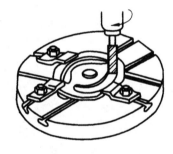

图 3.8　回转台铣圆弧槽

3．万能铣头

万能铣头是一种扩大卧式铣床加工范围的附件。铣头的主轴可安装铣刀，并根据加工的需要可扳动任意角度，从而完成更多空间位置的铣削工作。卧式铣床上装上万能铣头，铣床主轴的旋转运动通过铣头内的两对伞齿轮传到铣头主轴和铣刀上。图 3.9 为万能铣头外形构造及调整图。万能铣头通过底座及后压条用螺栓将铣头紧固在卧式铣床的垂直导轨上，此时卧式上部的横梁应后移。

4．万能分度头

(1) 万能分度头的结构

如图 3.10 所示，万能分度头由底座、分度盘、回转体和分度头主轴等组成。工作时，底座固定在工作台上，主轴轴心线平行于工作台纵向进给。分度时，摇动分度手柄，通过蜗杆、蜗轮带动分度头主轴旋转进行分度。

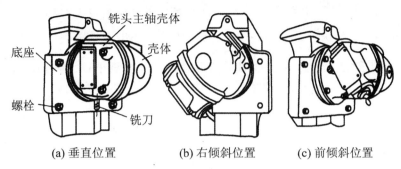

(a) 垂直位置　　(b) 右倾斜位置　　(c) 前倾斜位置

图 3.9　万能铣头及其调整位置

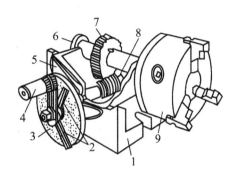

1—底座；2—扇形叉；3—分度盘；4—分度手柄；5—回转体；
6—分度头主轴；7—蜗轮；8—蜗杆；9—三爪自定心卡盘

图 3.10　万能分度头的结构

(2)分度原理

图 3.11(a)所示为分度头的传动系统图。分度头的传动比,即蜗杆的头数与蜗轮的齿数之比(1∶40),即当手柄通过传动比为 1∶1 的一对直齿轮带动蜗杆转动一周时,蜗轮只带动主轴转过 1/40 周,如果工件整个圆周上的等分数数目 Z 为已知,则每转过一等分,要求分度头主轴转 1/Z 周。这时分度手柄所需转动的圈数 n 可由下式算出

$$1:40 = n:Z \quad 即 \quad n = 40/Z$$

式中：n——分度头手柄应转的转数；

Z——被加工工件的等分数目；

40——分度头手柄蜗轮的齿数。

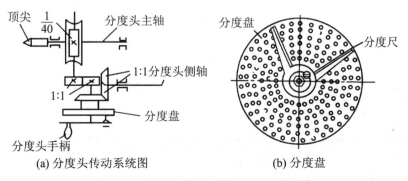

(a) 分度头传动系统图　　　　(b) 分度盘

图 3.11　分度头传动系统图和分度盘结构

另外,分度头具有两块分度盘,分度盘两面钻有许多孔以备分度时用。

例如:铣削 $Z=9$ 的齿轮,$n=40/9=4\frac{4}{9}$,即每铣一个齿手柄需要转过 $4\frac{4}{9}$ 圈。分度手柄的准确转数是借助分度盘来确定的,见图3.11(b)。分度盘正、反两面有许多孔数不同的孔圈。例如国产FW250型分度盘备有两块分度盘,其各圈孔数如下:

第一块正面:24、25、28、30、34、37;反面:38、39、41、42、43。

第二块正面:46、47、49、52、53、54;反面:57、58、59、62、66。

当转 $4\frac{4}{9}$ 圈时,先将分度盘固定,再将分度手柄的定位销调整到孔数为9的倍数孔圈上,若在孔数为54的孔圈上,此时手柄转过4圈后,再沿孔数为54的孔圈上转过24个孔距即可。

(3) 万能分度头的应用

万能分度头可用于加工圆锥形状的零件,可将圆形或直线工件精确地分割成各种等份,还可以加工刀具、沟槽、齿轮、渐开线凸轮以及螺旋线零件等。

3.4 铣削工艺

3.4.1 铣削用量

铣削时的铣削用量包括切削速度、进给量、背吃刀量(铣削深度)和侧吃刀量(铣削宽度)四个要素。铣平面时的铣削用量如图3.12所示。

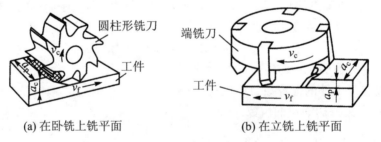

(a) 在卧铣上铣平面　　(b) 在立铣上铣平面

图3.12 铣平面时的铣削用量

1. 切削速度 v_c

切削速度 v_c 即铣刀最大直径处的线速度,可由下式计算

$$v_c = \pi d n / 1\,000$$

式中,v_c 为切削速度(m/min);d 为铣刀直径(mm);n 为铣刀每分钟转数(r/min)。

2. 进给量 f

进给量 f 是铣削时工件在进给运动方向上相对刀具的移动量。由于铣刀为多刃刀具,计算时有以下三种度量方法：

① 每齿进给量 f_z。每齿进给量 f_z 是指铣刀每转过一个刀齿时，工件相对铣刀的进给量（即铣刀每转过一个刀齿，工件沿进给方向移动的距离），其单位为 mm/z。

② 每转进给量 f_r。每转进给量 f_r 是指铣刀每转一转时，工件相对铣刀的进给量（即铣刀每转一转，工件沿进给方向移动的距离），其单位为 mm/r。

③ 每分钟进给量 v_f。每分钟进给量 v_f 又称为进给速度，是指工件相对于铣刀每分钟的进给量（即每分钟工件沿进给方向移动的距离），其单位为 mm/min。上述三者的关系为

$$v_f = f_r n = f_z z n$$

式中，z 为铣刀齿数；n 为铣刀每分钟转数(r/min)。

3. 背吃刀量 a_p

背吃刀量 a_p 又称为铣削深度，是平行于铣刀轴线方向测量的切削层尺寸（切削层是指工件上正被刀刃切削的那层金属），单位为 mm。因周铣与端铣时相对于工件的方位不同，故铣削深度的标示也有所不同。

4. 侧吃刀量 a_e

侧吃刀量 a_e 又称为铣削宽度，是垂直于铣刀轴线方向测量的切削层尺寸，单位为 mm。

通常粗加工时为了保证必要的刀具耐用度，应优先采用较大的侧吃刀量或背吃刀量，其次是加大进给量，最后才是根据刀具耐用度的要求选择适宜的切削速度。这样选择的原因是切削速度对刀具耐用度影响最大，进给量次之，侧吃刀量或背吃刀量影响最小。精加工时为了减小工艺系统的弹性变形，必须采用较小的进给量，同时为了抑制积屑瘤的产生，应使用硬质合金铣刀并应采用较高的切削速度。使用高速钢铣刀时应采用较低的切削速度，如铣削过程中不产生积屑瘤，也应采用较大的切削速度。

3.4.2 铣削方式

1. 周铣和端铣

用刀齿分布在圆周表面的圆柱铣刀进行铣削的方式称为周铣，用刀齿分布在圆柱端面上的端面铣刀进行铣削的方式称为端铣，如图 3.13 所示。

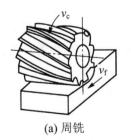
(a) 周铣

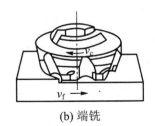
(b) 端铣

图 3.13　周铣和端铣

与周铣相比，端铣铣平面较为有利，原因如下：

① 端铣刀的主切削刃刚接触工件时,切屑厚度不等于零,使刀刃不易磨损。
② 端铣刀的刀杆伸出较短,刚性好,刀杆不易变形,可用较大的切削用量。
③ 端铣刀的副切削刃对已加工表面有修光作用,能使表面粗糙度降低。周铣的工件表面则有圆弧形波纹。
④ 同时参加切削的端铣刀齿数较多,切削力的变化程度较小,因此工作时振动较周铣小。

由此可见,端铣法的加工质量较好,生产率较高,所以铣削平面大多采用端铣。但是,周铣对加工各种形面的适应性较广,如有些形面(如成形面等)则不能用端铣。

2. 逆铣和顺铣

周铣又可分为逆铣法和顺铣法,如图 3.14 所示。逆铣时,铣刀的旋转方向与工件的进给方向相反;顺铣时,铣刀的旋转方向与工件的进给方向相同。逆铣时,切屑的厚度从零开始渐增。实际上,铣刀的刀刃开始接触工件后,将在表面滑行一段距离才真正切入金属。这使得刀刃容易磨损,并增大加工表面的粗糙度。逆铣时,铣刀对工件有向上的切削分力,影响工件安装在工作台上的稳固性。

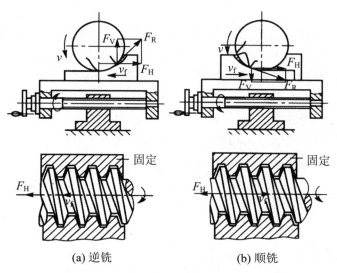

图 3.14 逆铣和顺铣

顺铣则没有上述缺点。但是,顺铣时工件的进给会受工作台传动丝杠与螺母之间间隙的影响。因为铣削的水平分力与工件的进给方向相同,铣削力忽大忽小,就会使工作台窜动和进给量不均匀,甚至引起打刀或损坏机床,因此,必须在纵向进给丝杠处有消除间隙的装置时才能采用顺铣。但一般铣床上没有消除丝杠螺母间隙的装置,因此只能采用逆铣法。另外,对铸、锻件表面的粗加工,顺铣因刀齿首先接触黑皮,将加剧刀具的磨损,此时,也是以逆铣为妥。

3.5 工件的装夹和基本型面的加工

3.5.1 工件的装夹

铣床上工件常用的安装方法有以下几种：

1. 用附件装夹

(1) 使用机床用平口虎钳安装工件

机床用平口虎钳是一种通用夹具，经常用它安装形状规则的小型工件。使用机床用平口虎钳时，先把钳口找正并固定在工作台上，然后再安装工件。常用划线找正的方法安装，如图 3.15(a)所示安装工件时，必须使工件的被加工面高出钳口，同时把平整的平面紧贴在垫铁和钳口上，并边夹紧边用锤子轻击工件的上平面，如图 3.15(b)所示。注意保护钳口和已加工表面，防止刚性不足的工件因夹紧力而变形。

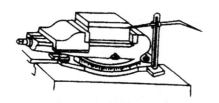 

(a) 划线找正的方法安装　　(b) 用锤子轻击工件上平面

图 3.15　在机床上用平口虎钳安装工件

(2) 用压板螺栓安装工件

当工件较大或形状特殊时，要用压板、螺栓、垫铁和挡铁把工件直接固定在工作台上进行铣削。如图 3.16 所示为用压板安装工件。为了保证压紧可靠以及工件夹紧后不变形，压板的位置要安排适当；垫铁的高度要与工件相适应($a = b$)；工件夹紧后要用划针复查加工线是否与工作台平行。

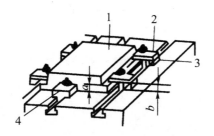

1-工件；2-压板；3-垫铁；4-挡铁
图 3.16　用压板安装工件

(3) 用分度头安装工件

分度头多用于装夹有分度要求的工件，如利用分度头铣斜面，如图 3.17 所示。

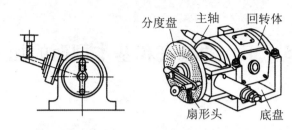

图 3.17　用分度头安装工件

(4) 用回转工作台安装工件

回转工作台多用于装夹带有圆弧形状加工表面的工件,如图 3.8 所示。

2. 用专用夹具或组合夹具装夹

为了保证零件加工质量,常用各种专用夹具或组合夹具等装夹工件。专用夹具是根据工件的几何形状及加工方式特别设计的工艺设备,组合夹具是一套预先准备好的各种不同形状、不同规格尺寸的标准元件所组成。可以根据工件形状和工序要求,装配成各种夹具。

3.5.2　基本型面的加工

在铣床上,利用各种附件和使用不同的铣刀可以铣削平面、沟槽、成形面、螺旋槽以及钻孔和镗孔等。

1. 铣削水平面和垂直面

使用圆柱铣刀、端铣刀和立铣刀都可进行水平面铣削加工,使用立铣刀和端铣刀可进行垂直平面的铣削加工。使用端铣刀铣削平面(如图 3.18 所示)是平面加工的最主要方法,其切削效率高,刀具耐用,工件表面粗糙度较低。由于圆柱铣刀在卧式铣床上使用方便,所以单件、小批量的小平面加工仍广泛使用圆柱铣刀。

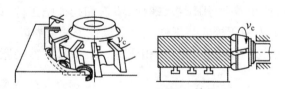

图 3.18　端铣刀铣削平面示意

铣削平面时,各加工面应设计在同一平面内,并尽可能用外表面代替内表面,这样可在一次走刀中加工所有的表面,可节省辅助时间。为减小铣削时变形,必要时应用加强肋增加刚度。

2. 铣台阶面

台阶面可用三面刃铣刀在立式铣床上进行铣削,如图 3.19(a)所示。也可用大直径立铣刀在立式铣床上铣削,如图 3.19(b)所示。如成批生产,则用组合铣刀在卧铣上同时铣削几个台阶面,如图 3.19(c)所示。

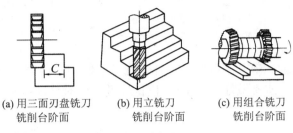

(a) 用三面刃盘铣刀铣削台阶面　　(b) 用立铣刀铣削台阶面　　(c) 用组合铣刀铣削台阶面

图 3.19　铣削台阶面

3. 铣削斜面

铣削斜面可用以下几种方法进行。

(1) 倾斜安装工件铣削斜面

这种方法是将斜面转到水平位置来装夹工件，然后按铣削平面的方法来加工斜面，如图 3.20 所示。

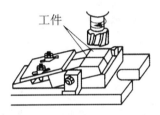

图 3.20　倾斜安装工件铣削斜面

(2) 刀具倾斜铣削斜面

这种方法是在立式铣床或装有万能铣头的卧式铣床上进行铣削加工，如图 3.21 所示。使用端铣刀或立铣刀，刀轴转过相应角度，加工时工作台需带动工件做横向进给运动。

图 3.21　刀具倾斜铣削斜面

(3) 用角度铣刀铣削斜面

这种方法是在卧式铣床上用与工件角度相符的角度铣刀直接铣削斜面，如图 3.22 所示。

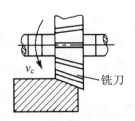

图 3.22　用角度铣刀铣削斜面

4. 铣削沟槽

(1) 铣削键槽

① 铣削敞开式键槽。敞开式键槽多在卧式铣床上使用三面刃铣刀进行铣削加工,如图 3.23 所示。在铣削键槽前要做好对刀工作,以保证键槽的对称度,如图 3.24 所示。

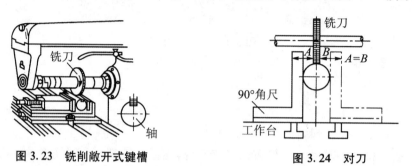

图 3.23 铣削敞开式键槽　　图 3.24 对刀

② 铣削封闭式键槽。一般在立式铣床上用立式铣刀铣削轴上的封闭式键槽,如图 3.25 所示。铣削时要注意逐层切下,因为键槽铣刀一次的轴向进给量不能太大。

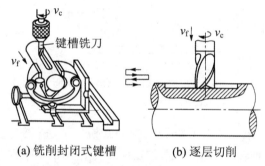

(a) 铣削封闭式键槽　　(b) 逐层切削

图 3.25 在立式铣床上铣削封闭键槽

(2) 铣削 T 形槽及燕尾槽

铣削 T 形槽或燕尾槽应分两步进行,先用立铣刀或三面刃铣刀铣出直槽,然后在立式铣床上用 T 形槽或燕尾槽铣刀加工成形,如图 3.26 所示。

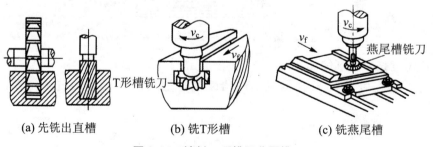

(a) 先铣出直槽　　(b) 铣T形槽　　(c) 铣燕尾槽

图 3.26 铣削 T 形槽及燕尾槽

5. 铣圆弧槽

铣圆弧槽要在回转工作台上进行,如图 3.8 所示,工件用压板螺栓直接装在圆形工作台上或用三爪卡盘装在回转工作台上。装夹时,工件上圆弧槽的中心必须与回转工作台中心重合。摇动回转工作台手轮带动工件作圆周进给运动,即可铣出圆弧槽。

6. 铣螺旋槽

螺旋齿轮、螺旋齿铣刀、麻花钻及蜗杆等工件上的螺旋槽,常在万能铣床上加工。此时铣刀做旋转运动;工件一方面随工作台作直线运动,同时又被分度头带动做旋转运动。运动的配合必须满足下列要求,即工件转动一周,工作台纵向移动的距离等于工件螺旋槽的一个导程 P_h。该运动的实现,是通过丝杠和分度头之间的交换齿轮 Z_1、Z_2、Z_3 和 Z_4 来完成的,如图3.27所示。它们的运动平衡式为

$$\frac{P_h}{P} \times \frac{Z_1}{Z_2} \times \frac{Z_3}{Z_4} \times \frac{1}{1} \times \frac{1}{1} \times \frac{1}{40} = 1$$

简化后得到铣螺旋槽时配换齿轮传动比的计算公式为

$$i = \frac{Z_1}{Z_2} \times \frac{Z_3}{Z_4} = \frac{40P}{P_h}$$

式中:P_h——工件上螺旋槽的导程;
P——工作台纵向进给丝杠导程。

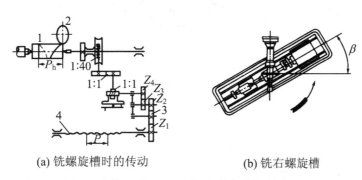

(a) 铣螺旋槽时的传动 (b) 铣右螺旋槽

1-工件;2-铣刀;3-介轮;4-纵向进给丝杠

图 3.27 铣螺旋槽

为了使铣出的螺旋槽的形状与所用铣刀的截面形状相同,必须使铣刀刀齿与被加工螺旋槽方向一致,因此应将工作台旋转 β 角,如图 3.27(b)所示。其关系式为

$$\tan \beta = \pi \frac{d}{P}$$

式中:β——工件的螺旋角;
d——工件的外径。

7. 铣成形面和曲面

(1) 铣成形面

成形面一般在卧式铣床上用成形铣刀来加工,如图3.28所示。成形铣刀的形状与加工面相吻合。

(2) 铣曲面

曲面一般在立式铣床上加工,其方法有以下两种:

① 按划线铣曲面。对于要求不高的曲面,可按工件上划出的线迹,移动工作台进行加工,如图3.29所示。

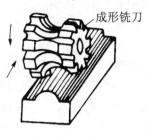
图 3.28 铣成形面

图 3.29 划线铣曲面

② 用靠模铣曲面。在成批及大量生产中,可以采用靠模铣曲面。图 3.30 所示为圆形工作台上用靠模铣曲面。铣削时,立铣刀上面的圆柱部分始终与靠模接触,从而加工出与靠模一致的曲面。

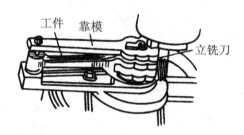

图 3.30 靠模铣曲面

3.6 铣 削 实 例

本节以图 3.31 为例,介绍铣平面特别是平行面与垂直面的方法。

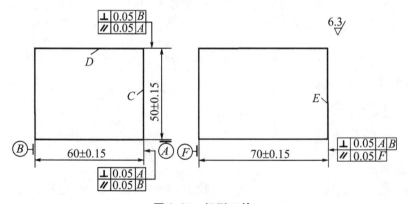

图 3.31 矩形工件

3.6.1 铣刀及铣削方式的选择

根据工件的形状与尺寸,可选用圆柱铣刀在卧式铣床上铣削,也可用端铣刀在立式铣床铣削。圆柱铣刀的宽度或端铣刀的直径均应大于工件宽度 70 mm。工件采用机用平口虎钳装夹。

3.6.2 铣削步骤

(1) 铣 A 面(如图 3.32(a)所示)

工件以 B 面为粗基准并靠向固定钳口装夹,并在虎钳的导轨面上垫上平行垫铁。

(2) 铣 B 面(如图 3.32(b)所示)

工件以 A 面为精基准并靠向固定钳口装夹,虎钳的导轨面上垫高度合适的平行垫铁。活动钳口处放置一圆棒以夹紧工件。

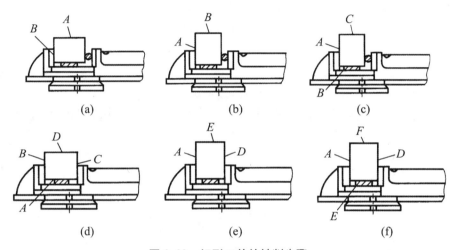

图 3.32 矩形工件的铣削步骤

铣完 B 面后,应用 90°角尺检验面 A 与 B 的垂直度。如果面 A 与 B 的夹角大于 90°,则应在固定钳口下方垫上合适的垫片(纸片或薄钢片),如图 3.33(a)所示;如果面 A 与 B 的夹角小于 90°,则应在固定钳口上方垫上垫片,图 3.33(b)所示。然后少量进刀后再次铣削 B 面直至垂直度达到要求。

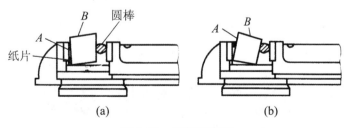

图 3.33 调整垂直度

(3) 铣 C 面(如图 3.32(c)所示)

工件仍以 A 面为精基准并紧贴固定钳口装夹,在虎钳的导轨面上垫上平行垫铁,活动钳口处放置圆棒后轻轻夹紧;然后用锤子轻敲 C 面使 B 面紧贴平行垫铁,最后将工件夹紧即可铣削 C 面。铣削时,应注意长度尺寸 60 mm + 0.15 mm,留 0.5 mm 左右的精铣余量。

铣完 C 面后,应用千分尺测量工件 B、C 面间的各点尺寸。若尺寸变化量在 0.05 mm

内,则符合垂直度要求;如超差,则应按上述(2)的修正方法重新装夹后再进行精铣。确保尺寸 60 mm + 0.15 mm。

(4) 铣 D 面(如图 3.32(d)所示)

工件以 B 面为基准并紧贴固定钳口装夹。在 A 面下放置平行垫铁并用铜棒轻敲工件,使工件与钳口贴合。铣削时,应注意宽度尺寸 50 mm + 0.15 mm 的精铣余量。

粗铣完 D 面后,应预检平行度,再根据实测尺寸调整铣削深度进行精铣,精铣后确保尺寸 50 mm + 0.15 mm,并保证平行度与垂直度在 0.05 mm 以内。

(5) 铣 E 面(如图 3.32(e)所示)

工件以 A 面为基准并紧贴固定钳口装夹,工件轻轻夹紧后,用 90°角尺找正 B 面或 C 面,以保证 B 面与 E 面的垂直度,最后夹紧工件,铣削 E 面。

精铣完 E 面后,应以 E 面为基准,用 90°角尺检测 E 面与 A、B 面的垂直度。如误差大,应重新装夹、校正,然后再进行铣削,直至垂直度达到要求。

(6) 铣 F 面(如图 3.32(f)所示)

工件以 A 面为基准并紧贴固定钳口装夹,确保 E 面与平行垫铁贴合。粗铣时注意宽度尺寸 70 mm + 0.15 mm,留 0.5 mm 左右的精铣余量。

用千分尺测量 E、F 两面间的尺寸,若各尺寸变化量在 0.05 mm 以内,则平行度与垂直度符合要求,工件合格;如超差,则应按上述方法(5)重新装夹、校正,最后精铣 F 面保证尺寸 70 mm + 0.15 mm。

思考与练习

一、填空题

1. 铣床的种类很多,其中以_____、_____、_____应用最广。
2. 铣床的工艺范围很广,可以加工_____、_____、_____、_____等。
3. 卧式铣床的主轴与_____平行,并呈水平状态。
4. 立式铣床与卧式铣床的主要区别是_____。
5. 龙门铣床主要用于加工_____工件。
6. 圆柱铣刀主要用于铣削_____;三面刃铣刀主要用于加工_____;角度铣刀主要用于加工_____;成形铣刀主要用于加工_____;锯片铣刀用于加工_____。

二、问答题

1. 铣床的安全操作规程有哪些内容?
2. 铣削时刀具和工件做哪些运动?切削用量如何表示?
3. 各种类型铣床的运动有哪些?
4. 铣床上可以加工哪些工艺表面?
5. 以 X6132 卧式铣床为例,说明卧式铣床的主要部件名称和作用。
6. 龙门铣床的加工特点有哪些?

7. 铣床常用的铣床附件有哪些？
8. 立铣头用于什么铣床？有何作用？
9. 分度头可以完成哪些工作？
10. 铣刀与其他刀具相比有什么特点？
11. 根据铣刀安装方法的不同，铣刀有哪些类型？各用于什么机床？
12. 说明各种铣刀的安装方法。
13. 什么是逆铣和顺铣？二者有何不同？
14. 说明铣削平面时的操作过程。
15. 铣削斜面的方法有哪些？
16. 铣削台阶时，一般用哪些铣刀？
17. 铣削键槽时用哪些机床和刀具？

三、实训题

详细记录实习中接触到的零件的铣削方法和加工工艺要求。

项目 4 磨削加工

教学目的

1. 了解磨削加工的基本知识。
2. 掌握砂轮的结构、特性。
3. 掌握磨削加工的特点及加工范围。
4. 了解磨床的种类及用途。

教学内容

1. 磨削实习安全须知。
2. 磨床的结构。
3. 砂轮的结构、特性、安装及修整。
4. 磨削典型表面的方法。

教学难点

磨削各种典型表面的方法。

4.1 磨削加工实习安全须知

4.1.1 磨削安全操作规程

① 工作时要穿工作服,戴好工作帽。
② 夏天不得穿凉鞋进入车间。
③ 应根据工件材料、硬度以及磨削要求选择适当的砂轮进行磨削。新砂轮要用木槌轻敲以检查是否有裂纹,有裂纹的砂轮不能使用。
④ 安装砂轮时,要在砂轮与法兰盘之间垫衬纸。砂轮安装完后,要进行砂轮静平衡检查,砂轮静平衡不合格要重新调整,直至砂轮静平衡达到合格要求。
⑤ 应校核新砂轮最高线速度是否符合所用机床的使用要求。对于高速磨床要特别注

意校核，以防发生砂轮破裂事故。

⑥ 启动磨床前，要检查砂轮、卡盘、挡铁、砂轮罩壳等是否紧固；磨床机械、液压、润滑、冷却、电磁吸盘等系统是否正常，防护装置是否齐全。启动砂轮时，人不应正对砂轮站立。

⑦ 砂轮应经过 2 min 空运转试验，确定砂轮运转正常时才能开始磨削。

⑧ 干磨的磨床在修整砂轮时要戴口罩并开启吸尘器。

⑨ 测量工件尺寸时，要将砂轮退离工件。

⑩ 磨削带有花键、键槽等间断表面时，磨削深度不得过大。

⑪ 外圆磨床纵向挡铁的位置要调整得当，要防止砂轮与顶尖、卡盘、轴肩等部位发生撞击。当所磨凹槽的宽度与砂轮宽度之差小于 30 mm 时，禁止使用自动纵向进给。

⑫ 使用卡盘装夹工件时，要将工件夹紧，以防脱落。卡盘扳手使用完后应立即取下。

⑬ 使用万能外圆磨床的内圆磨具时，要将内圆磨具的支架紧固，并检查砂轮快速进退机构的连锁是否可靠。

⑭ 在磨床头架及工作台上不得放置工具或量具。

⑮ 在平面磨床上磨削高而狭窄的工件时，应在工件的两侧放置挡块。

⑯ 禁止用一般砂轮磨削工件较宽的端面。

⑰ 禁止在无心磨床上磨削弯曲和没有校直的工件。

⑱ 使用切削液的磨床，使用结束后应让砂轮空转 1~2 min 脱水。

⑲ 使用油性切削液的磨床，在操作时应关好防护罩并启动吸油雾装置，以防止油雾飞溅。

⑳ 注意安全用电，不要随意打开电器箱。操作时如发现电器故障应立即请电工维修。

㉑ 注意防火。

㉒ 操作时不得戴手套。

㉓ 操作时必须精力集中，不得擅自离开磨床。

4.1.2 文明生产的基本要求

实习过程中除了注意上述安全操作规程外，操作者还应注意养成以下文明生产的习惯：

① 操作过程中要注意保持工作场地的整洁。

② 要爱护图样和工艺文件，保持其整洁完好。

③ 要爱护量具，做好量具的日常维护保养工作。

④ 要正确使用工具、夹具、辅具，并做好日常维护保养工作。

⑤ 磨削完毕的工件要放在工件贮存箱内，以防止碰伤、拉毛工件或使工件生锈。

⑥ 成批生产的工件要做首件检验。

⑦ 要合理操纵磨床，不得敲击磨床的零部件；应定期做好磨床的保养工作。

⑧ 下班前应清理好磨床及工作场地。

⑨ 做好交接班工作，并做好工作记录。

⑩ 砂轮贮存箱的放置部位应合理选择，以免砂轮受潮、受冻和发生撞击。砂轮放置方式应视其形状和大小而定。直径较大和较厚的砂轮应采用直立或稍呈倾斜的摆法，这样能避免砂轮堆压和发生撞击。

4.2 磨床概述

在磨床上用砂轮对工件表面进行切削加工的方法称为磨削加工,它是零件的精加工方法之一,尺寸公差等级可达 IT6~5,表面粗糙度 Ra 值可达 $0.8~0.2~\mu m$。磨削可以完成内外圆、平面、螺旋面、花键、螺纹、齿轮、导轨和组合面等各种表面的精加工,其工艺范围如图 4.1 所示。

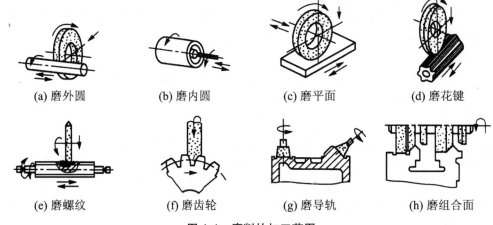

(a) 磨外圆　　(b) 磨内圆　　(c) 磨平面　　(d) 磨花键

(e) 磨螺纹　　(f) 磨齿轮　　(g) 磨导轨　　(h) 磨组合面

图 4.1　磨削的加工范围

在磨削过程中,由于砂轮高速旋转,切速很高,产生大量的切削热,温度高达 800~1 000 ℃,高温的磨屑在空气中氧化产生火花。为减少摩擦和散热,降低切削温度,及时冲走屑末,保证工件的加工质量,磨削时需使用大量的切削液。磨削不仅可以加工一般的金属材料,如碳钢、铸铁等,而且可以加工一般刀具难以加工的高硬材料,如淬火钢、硬质合金等。

4.3 砂　　轮

4.3.1 砂轮的结构及特性

磨削加工的主要工具是砂轮。砂轮是由磨粒和结合剂按一定比例黏结在一起,经压缩后焙烧而成的疏松多孔体,如图 4.2 所示。砂轮的三要素是磨料、结合剂和空隙:磨料形成切削刃口,起切削作用;结合剂则固定各磨粒;空隙有助于排屑和冷却。砂轮的特性由磨料、结合剂、粒度、硬度、组织、形状和尺寸等因素决定。

1. 磨料

磨料是制造砂轮的主要原料,具有很高的硬度、耐热性和一定的韧性。常用磨料的性能

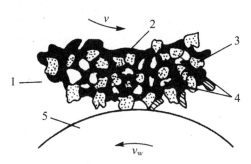

1—砂轮；2—结合剂；3—磨料；4—空隙；5—工件

图 4.2　砂轮的结构

及适用范围见表 4.1。

表 4.1　常用磨料的性能及适用范围

材料名称		代号	主要成分（质量分数）	颜色	力学性能	热稳定性	适用磨削范围
刚玉类	棕刚玉	A	Al_2O_3 95%	褐色	韧性好 硬度高	2 100 ℃ 熔融	非合金钢、合金钢、铸铁
	白刚玉	WA	$Al_2O_3>97\%$	白色			淬火钢、高速钢
碳化硅类	黑碳化硅	C	$SiC>95\%$	黑色		>1 500 ℃ 氧化	铸铁、黄铜、非金属材料
	绿碳化硅	GC	$SiC>99\%$	绿色			硬质合金等
高硬磨料类	氮化硼	CBN	立方氮化硼	黑色	硬度高 强度高	<1 300 ℃ 稳定	硬质合金、高速钢
	人造金刚石	D	碳结晶体	乳白色		>700 ℃ 石墨化	硬质合金、宝石

2. 结合剂

结合剂将磨料黏结成具有一定强度、形状和尺寸的砂轮。常用结合剂的性能及适用范围见表 4.2。

表 4.2　常用结合剂的性能及适用范围

结合剂	代号	性能	适用范围
陶瓷	V	耐热、耐蚀、弹性差	最常用，适用于高速磨削、切断
树脂	B	强度较 V 高，弹性好，耐热性差	适用于开槽和各类磨削加工
橡胶	R	强度较 B 高，更富有弹性，耐热性差	适用于切断、开槽
金属	M	强度最高，导电性好，磨耗少，自锐性差	适用于金刚石砂轮

3. 粒度

粒度是指磨料颗粒（磨粒）的大小，常用筛选法来分级，它是以每英寸筛网长度上筛孔的数目来表示的。常用磨粒的粒度、尺寸及应用范围见表 4.3。

表 4.3 常用磨粒的粒度、尺寸及应用范围

类别	粒度号	颗粒尺寸/μm	应用范围
磨粒	F12~F36	2 000~1 600	荒磨
		500~400	打毛刺
	F46~F80	400~315	粗磨
		200~160	半精磨、精磨
	F100~F280	160~125	半精磨、精磨、珩磨
		50~40	
微粉	F280~F360	40~28	珩磨
		28~20	研磨
	F400~F500	20~14	研磨
		14~10	超精磨削
	F600~F1200	10~7	研磨、超精加工、镜面磨削
		5~3.5	

4. 硬度

硬度是指砂轮工作表面上的磨粒在切削力的作用下自行脱落的难易程度。砂轮的硬度与磨粒本身的硬度是两个不同的概念。磨粒易脱落,表明砂轮硬度低;反之,则表明砂轮硬度高。砂轮的硬度等级及代号见表 4.4。一般情况下,磨削未淬火钢选 L~N,磨削淬火合金钢选 H~K,磨削表面质量高的材料选 K~L,磨削硬质合金刀具选 H~J。

表 4.4 砂轮的硬度等级及代号

等级	超软			软			中软		中		中硬			硬		超硬
	超软1	超软2	超软3	软1	软2	软3	中软1	中软2	中1	中2	中硬1	中硬2	中硬3	硬1	硬2	超硬
代号	D	E	F	G	H	J	K	L	M	N	P	Q	R	S	T	Y

5. 组织

组织是指磨料、结合剂、空隙三者之间的比例关系,也指砂轮的疏密程度。砂轮的粒度及组织号见表 4.5。

表 4.5 砂轮的粒度及组织号

组织号	0	1	2	3	4	5	6	7	8	9	10	11	12	13	14
粒度/%	62	60	58	56	54	52	50	48	46	44	42	40	38	36	34
疏密程度	紧密				中等				疏密					大气孔	
适用范围	重负载、成形、精密磨削,加工脆硬材料				外圆、内圆、无心磨削及工具磨削,淬硬工件磨削及刀具刃磨等				粗磨及磨削韧性大、硬度低的工件,适用磨削薄壁、细长工件或砂轮与工件接触面大以及平面磨削等					有色金属及塑料、橡胶等非金属磨削	

6. 形状和尺寸

形状和尺寸是保证磨削工件各种形状和尺寸的必要条件。常用砂轮的形状如图 4.3 所示。

为了方便使用和保管,根据 GB/T 2484—2006《固结磨具一般要求》的规定,砂轮的特性

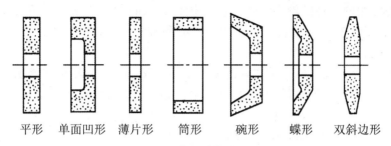

图 4.3 常用砂轮的形状

平形　单面凹形　薄片形　筒形　碗形　蝶形　双斜边形

参数全部以代号形式标志在砂轮的端面上(非工作面)。代号的顺序为:砂轮的形状、尺寸、磨料、磨料粒度、硬度、组织、结合剂及安全工作线速度。例如,P400×40×127A60L5V35 的砂轮代号表示:形状—平形;尺寸—外径 400 mm、厚 40 mm、孔径 127 mm;磨料—棕刚玉;粒度—60 目(0.256 mm);硬度—中软;组织—中等级;结合剂—陶瓷;安全工作线速度—35 m/s。

4.3.2 砂轮的平衡、安装与修整

1. 砂轮的平衡

由于砂轮是在高速旋转状态下工作,因此,在安装时要进行平衡试验,使砂轮的重心与其旋转轴线重合。不平衡的砂轮易使砂轮主轴产生振动或摆动,导致工件表面产生振痕,影响加工质量;还可使主轴与轴承磨损加快,甚至造成砂轮破裂事故。所以,只有经过平衡的砂轮才能稳定地工作。

平衡砂轮的方法是在砂轮法兰盘的环形槽内装入几块平衡铁块,如图 4.4 所示,通过调整平衡铁块在环形槽内的位置,使砂轮重心与它的回转轴线重合。

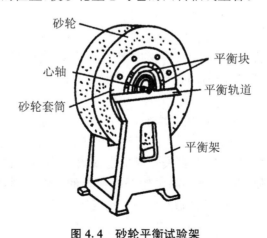

图 4.4 砂轮平衡试验架

2. 砂轮的安装

在磨床上安装砂轮时应特别注意。因为砂轮工作时转速很高,如果安装不当,工作时会引起砂轮碎裂,发生工伤事故。

图 4.5 为常用的几种砂轮安装方法。其中图 4.5(a)所示适用于孔径较大的平形砂轮；图 4.5(b)、4.5(c)所示适用于直径不太大的平形和碗形砂轮；图 4.5(d)所示适用于直径较小的内圆磨砂轮。

安装砂轮时，其内孔与砂轮轴之间的配合不能过紧，否则，砂轮轴在磨削时受热膨胀，易将砂轮胀裂；但也不能过松，否则砂轮容易发生偏心，失去平衡，引起振动。一般它们之间的配合间隙为 0.1～0.8 mm，高速旋转的砂轮间隙要小些。用法兰盘装夹砂轮时(图 4.5(b))，两个法兰盘直径应相等，其外径应不小于砂轮外径的 1/3。在法兰盘与砂轮端面间应用厚纸板或耐油橡皮等做衬垫，使压力均匀分布，螺母的拧紧力不能过大，否则砂轮会破裂。注意紧固螺纹的旋向应与砂轮的旋向相反，即当砂轮逆时针旋转时，用右旋螺纹，这样砂轮在磨削力作用下，将带动螺母越旋越紧。

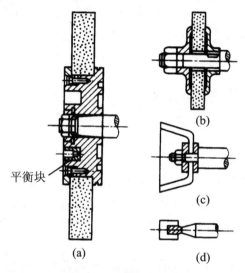

图 4.5 砂轮安装方法

3. 砂轮的修整

在磨削过程中砂轮的磨粒在摩擦、挤压作用下，它的棱角逐渐磨圆变钝，或者在磨韧性材料时，磨屑常常嵌塞在砂轮表面的孔隙中，使砂轮表面堵塞，最后使砂轮丧失切削能力。这时，砂轮与工件之间会产生打滑现象，并可能引起振动和出现噪声，使磨削效率下降，表面质量变差。同时由于磨削力及磨削热的增加，会引起工件变形和影响磨削精度，严重时还会使磨削表面出现烧伤和细小裂纹。此外，由于砂轮硬度的不均匀及磨粒工作条件的不同，使砂轮工作表面磨损不均匀，致使砂轮丧失外形精度，影响工件表面的形状精度及粗糙度。凡遇到上述情况，砂轮就必须进行修整，除去轮缘表面上的一层磨料，使砂轮轮缘表面重新露出新的锋利磨粒，以恢复砂轮的切削能力与外形精度。砂轮常用金刚石进行修整，如图 4.6 所示。

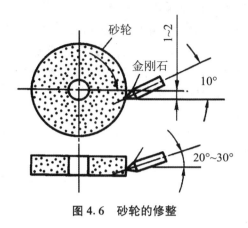

图 4.6 砂轮的修整

4.4 磨床及其工作

4.4.1 平面磨床及其工作

1. 平面磨床

如图 4.7 所示为 M7120D 平面磨床,在编号 M7120D 中,M 表示磨床类;71 表示卧轴矩形工作台平面磨床;20 表示工作台宽度的 1/10,即工作台宽度为 200 mm;D 表示第四次重大改进。

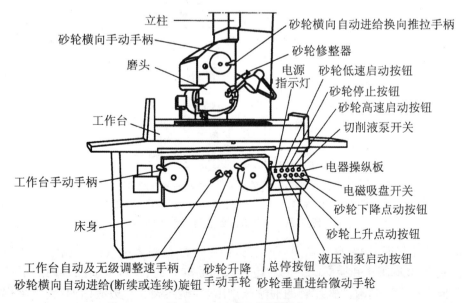

图 4.7 M7120D 平面磨床

(1) M7120D 平面磨床的组成及操作

M7120D 平面磨床由床身、工作台、立柱、磨头器、砂轮修整器和电器操纵板等组成。磨头上装有砂轮,砂轮的旋转为主运动。砂轮由单独的电机驱动,有 1 500 r/min 和 3 000 r/min 两种转速,一般情况多用低速挡。磨头可沿拖板的水平横向导轨作横向移动或进给,可手动(使用砂轮横向手动手轮)或自动(使用砂轮横向自动进给旋钮和砂轮横向自动进给换向推拉手柄);磨头还可随拖板沿立柱的垂直导轨作垂向移动或进给,多手动操纵(使用砂轮升降手动手轮或砂轮垂直进给微动手柄)。矩形工作台装在床身水平纵向导轨上,由液压传动实现工作台的往复移动,带动工件纵向进给(使用工作台自动及无级调速手柄)。工作台也可手动移动(工作台手动手轮)。工作台上装有电磁吸盘,用以装夹工件(使用电磁吸盘开关)。

开动平面磨床一般按下列顺序进行:① 接通机床电源;② 启动电磁吸盘吸牢工件;③ 启动液压油泵;④ 启动工作台往复移动;⑤ 启动砂轮旋转,一般使用低速挡;⑥ 启动切削液泵。停车一般先停工作台,后总停。

(2) 磨床液压传动

无论是平面磨床,还是外圆磨床和内圆磨床,一般均采用液压传动。液压传动的特点是运动平稳,操作简便,可进行无级调速。磨床的液压传动系统比较复杂,如图 4.8 所示为磨床工作台液压传动简图。

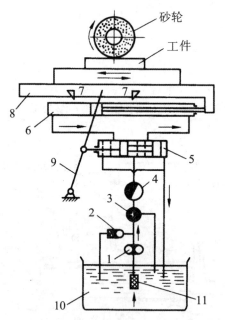

1-油泵;2-溢流阀;3-开停阀;4-节流阀;5-换向阀;6-油缸;
7-换向挡块;8-工作台;9-手柄;10-油箱;11-过滤器

图 4.8 磨床工作台液压传动简图

当油泵 1 工作时,油液自油箱 10 经过滤油器 11 后被吸入油管。从油泵出来的压力油经过开停阀 3、节流阀 4 和换向阀 5 的右边输入到油缸 6 的右腔,推动油缸内的活塞连同工作台一起向左移动。这时油缸左腔的油液被排出,经换向阀 5 左边流回油箱,当工作台向左移动即将结束时,固定在工作台正侧面的换向挡块 7 便自右向左推动手柄 9,使阀 5 的阀芯向左移动至图示虚线位置,压力油便从阀5的左边流入油缸6的左腔中,推动活塞连同工作台8一起右移。从油缸右腔排出的油液经阀5右边流回油箱。工作台右移即将结束时,挡块7从左推动手柄9向右,迫使阀5的阀芯移到开始位置,从而改变压力油流入油缸的方向,工作台左移。这样,工作台便实现了自动往复运动。

当油液压力过高时,部分油液可通过溢流阀2流回油箱。液压系统工作与停止,由开停阀3控制。工作台往复运动的快慢可通过节流阀4调节油液进入油缸的流量来实现。行程长短可通过调整两个挡块7之间的距离来达到。

2. 平面磨床工作

(1) 工件装夹方法

在平面磨床上磨削中小型工件,采用电磁盘装夹(如图4.9所示),电磁吸盘的工作原理如图4.10所示。图中1为钢制吸盘体,其中部凸起的芯体A上绕有线圈2,3为钢制盖板,在它上面镶嵌有用绝磁层4隔开的许多钢制条块。当线圈2中通过直流电时,芯体A被磁化,磁力线由芯体A通过盖板3—工件—盖板3—吸盘体1—芯体A而闭合(见图4.10中虚线),从而吸住工件。绝磁层由铅、铜等非磁性材料制成,其作用是使绝大部分磁力线通过工件再回到吸盘体,而不能通过盖板直接回去,以保证工件牢靠地吸在工作台上。

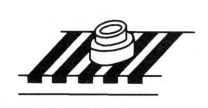
图4.9 电磁吸盘装夹工件

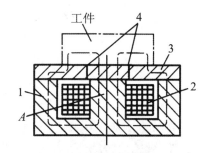
图4.10 平面磨床电磁吸盘工作原理

(2) 平面磨削

磨平面时,一般是以一个平面为基准,磨削另一个平面。如果两个平面都要磨削并要求平行,可互为基准反复磨削(图4.11)。

图4.11 磨平面的方法

4.4.2 外圆磨床及其工作

1. 外圆磨床

图 4.12 为 M1420 万能外圆磨床。在编号 M1420 中,M 表示磨床类;14 表示万能外磨床;20 表示最大磨削直径的 1/10,即最大磨削直径为 200 mm。

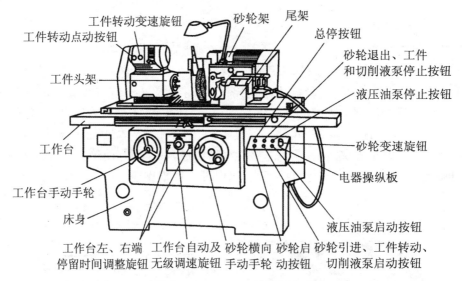

图 4.12 M1420 万能外圆磨床

M1420 万能外圆磨床由床身、工作台、工作头架、尾架、砂轮架和电器操纵板等组成。砂轮架上装有砂轮,砂轮的转动为主运动,由单独的电机驱动,有 1 420 r/min 和 2 850 r/min 两种转速。砂轮架可沿床身后部横向导轨前后移动,其方式一般有手动、快速引进和退出两种。M1420 磨床砂轮引进距离为 20 mm。注意,在引进砂轮之前,务必使砂轮与工件之间的距离大于砂轮引进距离 10 mm 左右,以免砂轮引进时碰撞工件而发生事故。工作台有两层,下工作台作纵向往复移动,以带动工件纵向进给;上工作台相对下工作台可在水平面内旋转一个不大的角度,以便磨削圆锥面。工件头架和尾架安在工作台上,用于安装工件,带动工件转动作圆周进给运动。工件转动有从 60~46 r/mm 六种转速。

万能外圆磨床和普通外圆磨床的主要区别是:万能外圆磨床增加了内圆磨头,且砂轮架上和工件头架上均装有转盘,能围绕铅垂轴扳转一定的角度。因此,万能外圆磨床除了磨削外圆和锥度较小的外锥面外,还可磨削内圆和任意锥度的内外锥面。

开动外圆磨床,一般按下列顺序进行:① 接通机床电源;② 检查工件装夹是否可靠;③ 动液压油泵;④ 启动工作台往复移动;⑤ 引进砂轮,同时启动工件旋转和切削液泵。⑥ 启动砂轮。停车可按上述相反的顺序进行。

2. 外圆磨床工作

(1) 工件装夹方法

在外圆磨床上常见的工件装夹方法有顶尖装夹、卡盘装夹和心轴装夹三种。

顶尖装夹适用于两端有中心孔的轴类工件(图 4.13)。工件支承在两顶尖之间,其方法与车床顶尖装夹基本相同。不同点在于:磨床的两顶尖不随工件一起转动,避免因顶尖转动可能带来的径向跳动误差;尾顶尖依靠弹簧推力顶紧工件,自动控制松紧程度,这样既可避免工件轴向窜动带来的误差,又可避免工件因磨削热可能产生的弯曲变形。顶尖装夹是外圆磨床上最常用的装夹方法。

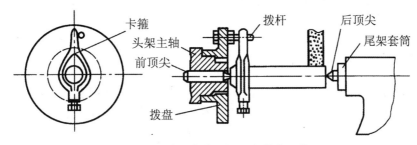

图 4.13　外圆磨床上用顶尖装夹工件

磨削工件上的外圆可用三爪或四爪卡盘装夹工件,如图 4.14(a)、(b)所示。装夹方法与车床基本相同。用四爪卡盘装夹工件时要用百分表找正。磨削盘套类空心工件上的外圆常用心轴装夹,如图 4.14(c)所示,装夹方法亦与车床基本相同,只是磨削用的心轴的精度要求更高些。心轴通过顶尖安装在外圆磨床上,主轴通过拨盘,卡箍带动心轴和工件一起转动。

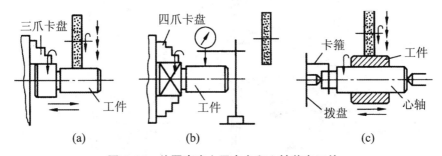

图 4.14　外圆磨床上用卡盘和心轴装夹工件

(2) 外圆磨削

外圆磨床上常用的磨削外圆的方法有纵磨法和横磨法。纵磨法如图 4.15(a)所示,磨削时工件旋转(圆周进给)并与工作台一起作纵向往复运动(纵向进给),每次纵向行程(单行程或双行程)终了时,砂轮作一次横向进给运动(相当于进切深)。每次切削深度很小,一般为 0.005～0.01 mm,磨削余量是在多次往复行程中磨去的。当工件加工到接近最终尺寸时,采用无横向进给的几次光磨行程,直至火花消失为止,以提高工件的加工精度。横磨法如图 4.15(b)所示,当工件刚性较好、待磨表面较短时,可采用宽度大于待磨表面长度的砂轮进行

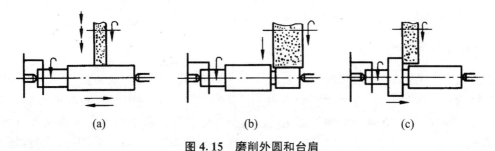

图 4.15　磨削外圆和台肩

横磨。横磨时工件无纵向进给运动,砂轮以很慢的速度连续地或断续地向工件作横向进给运动,直到磨去全部余量为止。在磨削外圆时,有时需要靠磨台肩端面,其方法如图 4.15(c) 所示。当外圆磨到所需尺寸后,将砂轮稍微退出,一般为 0.05~0.10 mm,手摇工作台纵向移动手轮,使工件的台肩端面贴靠砂轮,磨平即可。

4.4.3 内圆磨床及其工作

1. 内圆磨床

图 4.16 为 M2110 内圆磨床。在编号 M2110 中,M 表示磨床类;21 表示内圆磨床;10 表示最大磨削孔径的 1/10,即最大磨削孔为 100 mm。它由床身、工作台、工件头架、砂轮架、砂轮修整器等组成。

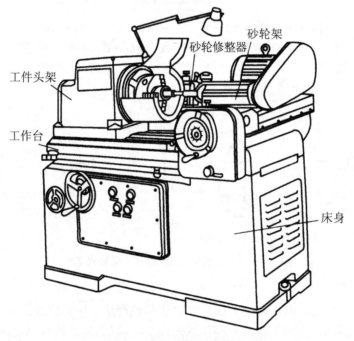

图 4.16 M2110 内圆磨床

砂轮架安装在床身上,由单独的电机驱动砂轮高速旋转,提供主运动;砂轮架还可横向移动,使砂轮实现横向进给运动。工件头架安装在工作台上;带动工件旋转作圆周进给运动;头架可在水平面内转动一定角度,以便磨削内锥面。工作台由液压传动沿床身纵向导轨往复直线移动,带动工件作纵向进给运动。

2. 内圆磨床工作

在内圆磨床上,工件一般采用三爪或四爪卡盘装夹,其中四爪卡盘装夹(图 4.17)用得最多。当用四爪卡盘装夹时,也要用百分表对工件进行找正。磨削内圆与磨削外圆的运动基本相同,但砂轮的旋转方向与磨削外圆相反。磨削时砂轮与工件的接触方式有两种:后面接触如图 4.18(a)和前面接触如图 4.18(b)。前者在内圆磨床上采用,便于操作者观察加工表面的情况;后者在万能外圆磨床(利用内圆磨头)上采用,便于利用机床上的自动进给机构。

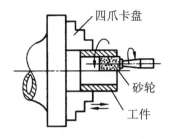

图4.17 磨内圆的装夹方法及磨削运动

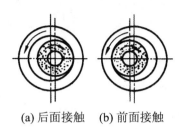

图4.18 磨内圆时砂轮与工件的接触方式

4.5 磨削实例

图4.19所示为一阶梯轴零件,要求对轴的 ⌀50 mm 和 ⌀30 mm 外圆部分进行磨削加工,其磨削加工操作步骤见表4.6。

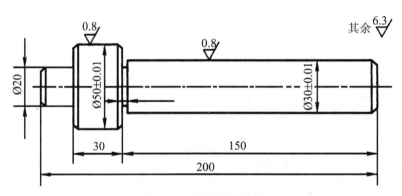

图4.19 阶梯轴零件图

表4.6 阶梯轴零件磨削加工操作步骤

序号	加工简图	加工内容	量具
1		磨削 ⌀30 mm 外圆部分:工件用双顶尖装夹,用纵磨法磨削外圆,尺寸至 ⌀30±0.01 mm	百分表 千分尺
2		磨削 ⌀50 mm 外圆部分:工件用双顶尖装夹,用横磨法磨削外圆,尺寸至 ⌀50±0.01 mm	百分表 千分尺
3		检验	百分表 千分尺

思考与练习

一、填空题

1. 磨床的种类很多,主要有_____、_____、_____和_____等。
2. 用外圆磨床磨削外圆柱面时,主运动是_____,进给运动有_____、_____和_____。
3. 根据砂轮工作面的不同,平面磨削的方式有_____和_____。
4. 外圆表面的磨削方法有_____和_____。
5. 砂轮是由_____和_____组成的带有空隙的多孔物体。
6. 进行外圆磨削时,工件的装夹方法有_____、_____、_____和_____。

二、问答题

1. 磨削加工的特点是什么?
2. 磨床的加工范围有哪些?
3. 磨削外圆时,工件和砂轮各做哪些运动?
4. 磨削细长轴和台阶端面时,外圆磨床的运动有何区别?
5. 磨削平面常用的方法有哪几种?
6. 磨削外圆表面时,工件有哪些安装方法?各适用于哪些工件?
7. 选择砂轮时应考虑哪些方面?
8. 为什么在安装砂轮前要经过平衡试验?如何平衡砂轮?
9. 如何安装砂轮?要注意些什么?安装不当会导致什么后果?
10. 比较纵磨法、横磨法的机床运动有何不同?各适于加工什么工件?
11. 周磨和端磨的运动有何不同,其砂轮主轴的位置如何?

三、实训题

详细记录实习中接触到的零件的磨削方法和加工工艺要求。

项目 5　数 控 加 工

教学目的

1. 了解数控机床的工作原理及主要特点。
2. 熟悉数控机床的组成及加工特点。
3. 掌握数控加工在机械制造中的应用。

教学内容

1. 数控机床的实习安全须知。
2. 数控机床的组成及加工特点。
3. 数控机床的编程与操作。

教学难点

数控机床的编程与操作。

5.1　数控加工实习安全须知

5.1.1　一般注意事项

① 机床运转时,操作人员应穿戴好工作服、工作帽。不得穿戴具有危险性的服饰品。
② 清扫机床周围环境,保持环境整洁。
③ 机床和控制部分经常保持清洁,不得取下罩盖开动机床。
④ 经常检查紧固螺钉,不得有松动。
⑤ 检查润滑油油箱、齿轮箱的油量情况,保证机床润滑良好。

5.1.2 机床启动时的注意事项

① 熟悉机床的紧急停车方法及机床的操作顺序。
② 刀具、工件安装好后,应再做一次检查。
③ 确认运转程序和刀具加工顺序是否一致。
④ 确认刀具已校正好,达到使用要求。
只有上述各项准确无误后,方可启动机床。

5.1.3 调整程序时应注意的事项

① 采用正确的刀具,避免使用钝化的刀具。
② 不得承担超出机床加工能力的作业。
③ 在机床停机时进行刀具调整。
④ 确认刀具在换刀过程中不会与其他部位发生碰撞。
⑤ 确认工件的夹具和压板是否有足够的强度。
⑥ 用过的刀具不得放在机床上。
⑦ 程序调整好后,要再次进行检查,确认无误后,方可开始加工。

5.1.4 机床运转中的注意事项

① 机床启动后,在机床自动连续运转中,必须监视其运转状态。
② 确认冷却液输出通畅,流量充足。
③ 机床运转时,不得调整刀具和测量工件尺寸。
④ 手不得靠近旋转的刀具和工件。
⑤ 停机时除去工件和刀具上的切屑。

5.1.5 作业完毕时的注意事项

① 关闭电源。
② 清扫机床并涂上防锈油。

5.2 数控车床概述

数控即数字控制(numerical control,NC),在机床领域指用数字化信号对机床运动及其加工过程进行控制的一种方法。数控机床即采用了数控技术的机床。在数控机床上加工零件时,一般是先编写零件加工程序单,即用程序规定零件加工的路线和工艺参数(如主轴转速、切削速度等),数控系统根据加工程序自动控制机床运动,把零件加工出来。所以,数控机床是一种灵活性极强的、高效能的全自动化加工机床。

5.2.1 数控加工及其特点

数控加工是采用数字信息对零件加工过程进行定义,并控制机床进行自动运行的一种自动化加工方法,它具有以下几个方面的特点:

① 具有复杂形状加工能力。复杂形状零件在飞机、汽车、造船、模具、动力设备和国防军工等制造部门具有重要地位,其加工质量直接影响整机产品的性能。数控加工运动的任意可控性使其能完成普通加工方法难以完成或者无法进行的复杂型面加工。

② 高质量。数控加工是用数字程序控制实现自动加工,排除了人为误差因素,且加工误差还可以由数控系统通过软件技术进行补偿校正。因此,采用数控加工可以提高零件加工精度和产品质量。

③ 高效率。与采用普通机床加工相比,采用数控加工一般可提高生产率2~3倍,在加工复杂零件时生产率可提高十几倍甚至几十倍。特别是五面体加工中心和柔性单元等设备,零件一次装夹后能完成几乎所有部位的加工,不仅可消除多次装夹引起的定位误差,且可大大减少加工辅助操作,使加工效率进一步提高。

④ 高柔性。只需改变零件程序即可适应不同品种的零件加工,且几乎不需要制造专用工装夹具,因此加工柔性好,有利于缩短产品的研制与生产周期,适应多品种、中小批量的现代生产需要。

5.2.2 数控加工的主要应用对象分析

数控加工是一种可编程的柔性加工方法,但其设备费用相对较高,故目前数控加工多应用于加工零件形状比较复杂、精度要求较高,以及产品更换频繁、生产周期要求短的场合。因此,下面这些类型的零件最适宜于数控加工:

① 形状复杂、加工精度要求高或用数学方法定义的复杂曲线、曲面轮廓。
② 公差带小、互换性高、要求精确复制的零件。
③ 用通用机床加工时,要求设计制造复杂的专用工装夹具或需很长调整时间的零件。
④ 价值高的零件。
⑤ 小批量生产的零件。
⑥ 钻、镗、铰、攻螺纹及铣削加工联合进行的零件。

数控加工主要应用于以下两个方面:

第一个应用是常规零件的加工,如二维车削、箱体类镗铣等,其目的在于:提高加工效率,避免人为误差,保证产品质量;以柔性加工方式取代高成本的工装设备,缩短产品制造周期,适应市场需求。这类零件一般形状较简单,实现上述目的的关键一方面在于提高机床的柔性自动化程度、高速高精加工能力、加工过程的可靠性与操作性能;另一方面在于合理的生产组织、计划调度和工艺过程安排。

第二个应用是复杂形状零件的加工,如模具型腔、蜗轮叶片等,该类零件在众多的制造行业中具有重要的地位,其加工质量直接影响以致决定着整机产品的质量。这类零件型面复杂,常规加工方法难以实现。由于零件型面复杂,在加工技术方面,除要求数控机床具有较强的运动控制能力(如多轴联动)外,更重要的是如何有效地获得高效优质的数控加工程序,并从加工过程整体上提高生产效率。

5.2.3 数控加工技术主要内容

数控加工技术是指高效、优质地实现产品零件特别是复杂形状零件加工的有关理论、方法与实现技术,它是自动化、柔性化、敏捷化和数字化制造加工的基础与关键技术。

数控加工过程包括由给定的零件加工要求(零件图纸、CAD 数据或实物模型)进行加工的全过程,其涉及的主要内容如图 5.1 所示。数控加工技术主要涉及数控机床加工工艺和数控编程技术两大方面。

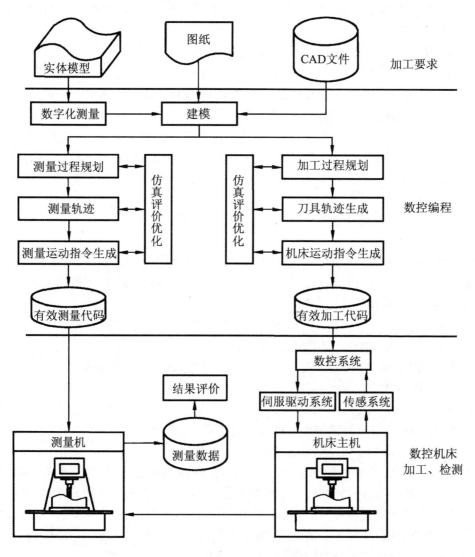

图 5.1　数控加工过程及内容

数控机床是一种按照输入的数字程序信息进行自动加工的机床。它集现代机械制造技术、自动控制技术及计算机信息技术于一体,是高效率、高精度、高柔性和高自动化的现代机械加工设备。数控机床由机床主体、数控系统、伺服驱动等装置构成。其中,机床主体是加工执行机构。数控系统是数控机床的控制核心,伺服驱动是数控系统运动信息的功率放大装置。在数控系统的控制下,数控机床各运动轴按照程序指令速度协调运动,实现复杂加工轨迹的控制。数控机床是数控加工的硬件基础,其性能对加工效率、精度具有决定性的影响。

数控机床的运动可控性为数控加工提供了物质基础,但数控机床是按照提供给它的指令信息——加工程序来执行运动的。因此,零件加工程序的编制(简称数控编程,包括从分析加工要求到获得合格的零件程序的全过程)是实现数控加工的重要环节。特别是对于复杂零件加工,其编程工作的重要性甚至超过数控机床本身。此外,在现代生产中,产品形状及质量信息往往需通过坐标测量机或直接在数控机床上测量来得到,测量运动指令也有赖于数控编程来产生。因此,数控编程对于产品质量控制也有着重要的作用。数控编程技术涉及制造工艺、计算机技术、数学、计算几何、微分几何、人工智能等众多学科领域知识,它所追求的目标是如何更有效地获得满足各种零件加工要求的高质量数控加工程序,以更充分地发挥数控机床的性能、获得更高的加工效率与加工质量。

5.2.4 数控机床技术

数控机床的种类、型号繁多。按其加工工艺方式可分为金属切削类数控机床、金属成型类数控机床、特种加工数控机床和其他类型数控机床。在金属切削类数控机床中,根据其自动化程度的高低,又可分为普通数控机床、加工中心机床和柔性制造单元(FMC)。

普通数控机床和传统的通用机床一样,有车床、铣床、钻床等,这类数控机床的工艺特点和相应的通用机床相似,但它们具有复杂形状零件的加工能力。

加工中心机床常见的是镗铣类加工中心和车削加工中心,它们是在相应的普通数控机床的基础上加装刀库和自动换刀装置而构成。其工艺特点是:工件经一次装夹后,数控系统能控制机床自动地更换刀具,连续地、自动地对工件各加工面进行铣(车)、镗、钻等多工序加工。

柔性制造单元是具有更高自动化程度的数控机床。它可以由加工中心加上搬运机器人等自动物料存储运输系统组成,有的还具有加工精度、切削状态和加工过程的自动监控功能。

1. 数控机床的发展历程

1952 年美国研制出世界上第一台数控铣床,开创了世界数控机床发展的先河。随后,德、日、苏等国于 1956 年分别研制出本国第一台数控机床。我国于 1958 年由清华大学和北京第一机床厂合作研制了我国第一台数控铣床。

20 世纪 50 年代末期,美国 K&T 公司开发了世界上第一台加工中心,从而揭开了加工中心的序幕。1967 年,英国首先把几台数控机床连接成具有柔性的加工系统,这就是最初的 FMS。70 年代,由于计算机数控(CNC)系统和微处理机数控系统的研制成功,使数控机床进入了一个较快的发展时期。

20 世纪 80 年代以后,随着数控系统和其他相关技术的发展,数控机床的效率、精度、柔性和可靠性进一步提高,品种规格系列化,门类扩展齐全,FMS 也进入了实用化。80 年代初出现了投资较少、见效快的 FMS。

目前,以发展数控单机为基础,并加快了向 FMC、FMS 及计算机集成制造系统(CIMS)全面发展的步伐。数控加工装备的范围也正迅速延伸和扩展,除金属切削机床外,不但扩展到铸造机械、锻压设备等各种机械加工装备,而且延伸到非金属加工行业中的玻璃、陶瓷制造等各类装备。数控机床已成为国家工业现代化和国民经济建设中的基础与关键装备。

2. 技术现状与趋势

数控机床技术可从精度、速度、柔性和自动化程度等方面来衡量,目前的技术现状与趋势如下:

(1) 高精度化

精度包括机床制造的几何精度和机床使用的加工精度,两个方面均已取得明显进展。例如,普通级中等规格加工中心的定位精度已从 80 年代中期的 0.012 mm/300 mm,提高到 0.002～0.005 mm/全程。精密级数控机床的加工精度已由原来的 0.005 mm 提高到 0.001 5 mm。

(2) 高速度化

提高生产率是机床技术追求的基本目标之一,实现该目标的关键是提高切削速度、进给速度和减少辅助时间。中等规格加工中心的主轴转速已从过去的 2 000～3 000 r/min 提高到 10 000 r/min 以上。日本新泻铁工所生产的 UHSIO 型超高速数控立式铣床主轴最高转速高达 100 000 r/min。中等规格加工中心的快速进给速度从过去的 8～12 m/min 提高到 60 m/min。加工中心换刀时间从 5～10 s 减少到小于 1 s。而工作台交换时间也由过去的 12～20 s 减少到 2.5 s 以内。

(3) 高柔性化

采用柔性自动化设备或系统,是提高加工精度和效率、缩短生产周期、适应市场变化需求和提高竞争能力的有效手段。数控机床在提高单机柔性化的同时,朝着单元柔性化和系统柔性化方向发展。如出现了可编程控制器(PLC)控制的可调组合机床、数控多轴加工中心、数控三坐标动力单元等具有柔性的高效加工设备。

(4) 高自动化

高自动化是指在全部加工过程中尽量减少"人"的介入而自动完成规定的任务,它包括物料流和信息流的自动化。除了自动换刀和自动交换工件外,先后出现了刀具寿命管理、自动更换备用刀具、刀具尺寸自动测量和补偿、工件尺寸自动测量及补偿、切削参数的自动调整等功能,使单机自动化达到了很高的程度。刀具的破损和磨损的监控功能也在不断地完善。

(5) 智能化

随着人工智能在计算机领域的不断渗透与发展,同时为适应制造业生产柔性化、自动化发展需要。数控设备智能化程度也在不断提高。如日本大隈公司的 7 000 系列数控系统带有人工智能式自动编程功能。

(6) 超复合化

复合化包含工序复合化和功能复合化。数控机床的发展已模糊了粗精加工工序的概念。加工中心的出现,又把车、铣、镗等工序集中到一台机床来完成,打破了传统的工序界限和分开加工的工艺规程。近年来,又相继出现了许多跨度更大的功能集中的超复合化数控机床,如日本池贝铁工所的 TV4L 立式加工中心,由于采用 U 轴,亦可进行车加工。

5.3 数控机床的组成和分类

5.3.1 数控机床的组成

数控机床有很多种类,但任何一种数控机床都是由控制介质、数控系统、伺服系统、辅助控制系统和机床本体等若干基本部分组成的,如图 5.2 所示。

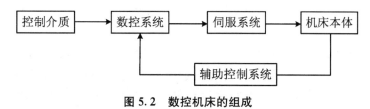

图 5.2 数控机床的组成

1. 控制介质

数控系统的工作不需要操作工人直接操纵机床,但机床又必须执行人的意图,这就需要在人与机床之间建立某种联系,这种联系的中间媒介物即称为控制介质。在控制介质上存储着加工零件所需要的全部操作信息和刀具相对工件的位移信息,因此,控制介质就是将零件加工信息传送到数控装置的信息载体。

控制介质的形式是多种多样的,它随着数控装置类型的不同而不同,常用的有穿孔带、穿孔卡、磁带、磁盘和 USB 接口介质等。控制介质上记载的加工信息要经过输入装置传送给数控装置,常用的输入装置有光电纸带输入机、磁带录音机、磁盘驱动器和 USB 接口等。

此外,还有一部分数控机床采用数码拨盘、数码插销或利用键盘直接输入程序和数据。随着 CAD/CAM 技术的发展,有些数控设备利用 CAD/CAM 软件在其他计算机上编程,然后通过计算机与数控系统通信(如局域网),将程序和数据直接传送给数控装置。

2. 数控系统

数控系统是一种控制系统,也是数控机床的中心环节。它能自动阅读输入载体上事先给定的数字并译码,使机床进给并加工零件。数控系统通常由输入装置、控制器、运算器和输出装置四部分组成,如图 5.3 所示。

输入装置接收由穿孔带阅读机输出的代码,经识别与译码后分别输入到各个相应的寄存器,这些指令与数据将作为控制与运算的原始数据。控制器接收输入装置的指令,通过控制器、运算器与输入装置对机床执行各种操作(如控制工作台沿某一坐标轴的运动、主轴变速和切削液的开关等),控制整机的工作循环(如控制阅读机的启动或停止、控制运算器的运算和控制输出信号等)。

运算器接收控制器的指令,将输入装置送来的数据进行某种运算,并不断向输出装置送

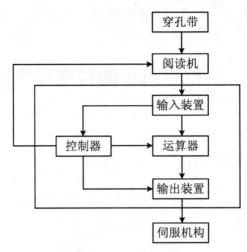

图 5.3 数控装置结构

出运算结果,使伺服系统执行所要求的运动。对于加工复杂零件的轮廓控制系统,运算器的重要功能是进行插补运算。所谓插补运算就是将每个程序段输入的工件轮廓上的某起点和终点的坐标数据送入运算器,经过运算之后在起点和终点之间进行"数据密化",并按控制器的指令向输出装置送出计算结果。

输出装置根据控制器的指令将运算器送来的计算结果输送到伺服系统。经过功率放大驱动相应的坐标轴,使机床完成刀具相对工件的运动。

目前均采用微型计算机作为数控装置。微型计算机的中央处理器(CPU)又称微处理器,是一种大规模集成电路,它将运算器、控制器集成在一块集成电路芯片中,在微型计算机中,输入与输出电路采用大规模集成电路,即所谓的 I/O 接口。微型计算机拥有较大容量的寄存器,并采用高密度的存储介质,如半导体存储器和磁盘存储器等。存储器可分为只读存储器(ROM)和随机存取存储器(RAM)两种类型,前者用于存放系统的控制程序。后者存放系统运行时的工作参数或用户的零件加工程序。微型计算机数控装置的工作原理与上述硬件数控装置的工作原理相同,只是硬件数控装置采用通用的硬件,而微型计算机数控装置通过改变软件来实现不同的功能,因此更为灵活与经济。

3. 伺服系统

伺服系统是数控系统的执行部分,由伺服驱动电动机和伺服驱动装置组成。伺服系统接收数控系统的指令信息,并按照指令信息的要求带动机床本体的移动部件运动或使其执行部分动作,以加工出符合要求的工件。

指令信息是脉冲信息的体现,每个脉冲使机床移动部件产生的位移量叫作脉冲当量。机械加工中一般常用的脉冲当量为 0.01 mm/脉冲、0.005 mm/脉冲、0.001 mm/脉冲,目前所使用的数控系统脉冲当量一般为 0.001 mm/脉冲。

伺服系统是数控机床的关键部件,它直接影响数控加工的速度、位置、精度等。开环系统的伺服机构常用步进电动机和电液脉冲马达,闭环系统常用脉宽调速直流电动机和电液伺服驱动装置等。

4. 辅助控制系统

辅助控制系统是介于数控装置和机床机械、液压部件之间的强电控制装置。它接收数控装置输出的主运动变速、刀具选择交换、辅助装置动作等指令信号,经过必要的编译、逻辑判断、功率放大后直接驱动相应的电器以及液压、气动和机械部件,以完成各种规定的动作。此外,有些开关信号经过辅助控制系统传输给数控装置进行处理。

5. 机床本体

机床本体是数控机床的主体,由机床的基础大件(如床身、底座)和各种运动部件(如工作台、床鞍、主轴等)组成,是完成各种切削加工的机械部分。

5.3.2 数控机床的分类

1. 按完成的加工功能分类

这种分类方法是最常用的。它和普通机床的分类方法相似,按切削方式不同,可分为数控车床、数控钻床、数控铣床、数控镗床、数控磨床、数控电加工机床等。

有些数控机床具有两种以上的切削功能,例如以钻削为主兼顾铣、镗的数控机床,叫作钻削中心;以车削为主兼顾铣、钻的数控机床,叫作车削中心;集铰、钻、镗床所有功能于一体的数控机床,叫作加工中心。

2. 按运动轨迹分类

(1) 点位控制

点位控制的特点是只要求控制刀具或机床工作台,从一点移动到另一点的准确定位,至于点与点之间移动的轨迹原则上不加控制,且在移动过程中刀具不进行切削,如图 5.4 所示。采用点位控制的数控机床有:数控钻床、数控镗床和数控冲床等。

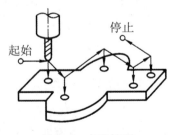

图 5.4 点位控制

(2) 直线控制

直线控制的特点是除了控制点与点之间的准确定位外,还要保证被控制的两个坐标点间移动的轨迹是一条直线,且在移动过程中,刀具能按指定的进给速度进行切削,如图 5.5 所示。采用直线控制的数控机床有:数控车床、数控铣床和数控磨床等。

(3) 连续控制(或称轮廓控制)

连续控制的特点是能够对两个或两个以上坐标方向的同时运动,进行严格地不间断地

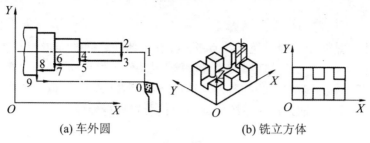

图 5.5 直线控制

控制。并且在运动过程中,刀具对工件表面连续进行切削,如图 5.6 所示。采用连续控制的数控机床有:数控铣床、数控车床、数控磨床、数控齿轮加工机床和加工中心等。

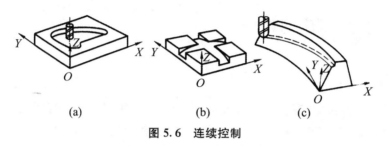

图 5.6 连续控制

3. 按进给伺服系统类型分类

(1) 开环进给系统数控机床

开环进给系统的特点,是系统只按照数控装置的指令脉冲进行工作,而对执行的结果,即移动部件的实际位移不进行检测和反馈。其典型的代表是采用步进电动机的开环进给系统。图 5.7 为步进电动机开环进给伺服系统原理图。

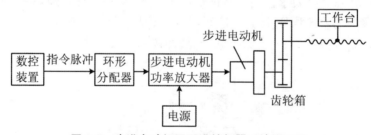

图 5.7 步进电动机开环进给伺服系统原理图

从图 5.7 可知,数控装置发出指令脉冲通过环形分配器和功率放大器驱动步进电动机,每一个指令脉冲使步进电动机转一个角度,此角度叫作步进电动机的步距角。步进电动机通过齿轮箱、滚珠丝杠移动部件,例如工作台产生位移。步进电动机转一个步距角使工作台产生的位移量,即是数控装置发出一个指令脉冲而使移动部件相应产生的位移量,通常叫作脉冲当量。因此,移动部件的位移量与数控装置给出的进给指令脉冲成正比,移动的速度与脉冲的频率成正比。在整个进给系统中,只有信号的放大和变换,而没有移动位置的检测反馈。这种系统结构简单,调试方便,价格低廉。但是,机床的位置精度完全取决于步进电动机的步距角精度和机械部分的传动精度,因此很难达到较高的位置精度。同时受步进电动机转速不可能很高的影响,移动部件的速度也受到限制。因此,在现代数控机床上使用不多,而多用于精度、速度要求不高的经济型数控机床上。

(2) 闭环进给伺服系统数控机床

如图5.8所示是用进给伺服电动机驱动的闭环进给伺服系统原理图。它主要是由比较环节、伺服驱动放大器、进给伺服电动机、机械传动装置和直线位移测量装置所组成。

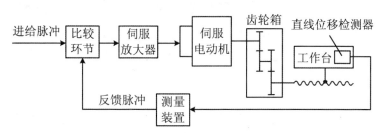

图5.8 闭环进给伺服系统原理图

闭环进给伺服系统的工作原理,是当数控装置发出位移指令脉冲,经过伺服电动机、机械传动装置驱动移动部件移动时,安装在移动部件上的直线位置的检测装置,把检测所得位移量反馈到输入端,与输入信号进行比较,得到的差值再去控制伺服电动机,驱动移动部件向减少差值的方向移动。如果指令脉冲不断地输入,则移动部件就不断地运动,只有差值为零时,移动部件才停止移动。此时移动部件的实际位移量与指令的位移量相等。

由闭环进给伺服系统的工作原理可以看出,系统的精度主要取决于位移检测装置的精度,因此精度高。但是,机械传动装置的刚度、摩擦阻尼特性、反向间隙等非线性因素,对系统的稳定性有很大的影响,造成闭环进给伺服系统的安装调试比较复杂。直线位移检测装置的价格比较高,因此多用于高精度数控机床和大型数控机床上。

(3) 半闭环进给伺服系统数控机床

如图5.9所示是半闭环进给伺服系统的工作原理图,它与全闭环的唯一区别是全闭环的检测元件是直线位移检测器,安装在移动部件上,而半闭环的检测元件是角位移检测器,直接安装在电动机轴上,个别的也有安装在丝杠上,但两者的工作原理是完全一样的。

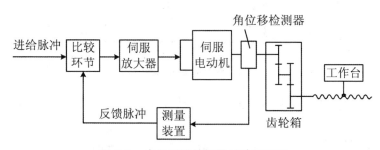

图5.9 半闭环进给伺服系统原理图

因为半闭环系统的反馈信号取自电动机轴的回转,因此进给系统中的机械传动装置处于反馈回路之外,其刚度、间隙等非线性因素对系统稳定性没有影响,调试方便。机床的定位精度主要取决于机械传动装置的精度,但是现在的数控装置均有螺距误差补偿和间隙补偿功能,不需要将传动装置各种零件精度提得很高,通过补偿就能将精度提高到绝大多数用户都能接受的程度。再加上直线位移检测装置比角位移检测装置贵很多,因此除了对定位精度要求特别高或行程特别长,不能采用滚珠丝杠的大型机床外,绝大多数数控机床均可采用半闭环系统。

5.4 数控车床的加工原理

零件的轮廓形状虽然多种多样,但大都由直线和圆弧组成,而特殊的曲线、曲面,也可近似地用直线、圆弧和圆弧面来代替,因而只要能加工出直线和圆弧,就可以加工出所要求的各种曲线、曲面。

加工工件时,如果工件的轮廓线是平面上的直线、斜线、圆弧或其他曲线,则由 X、Y 两个坐标方向运动来合成;如果它是空间斜线、曲面,则由 X、Y、Z 三个坐标方向运动合成。

数控机床工作时,数控装置每发出一个进给脉冲,工作台就移动一个相应的距离,这个距离称为脉冲当量。目前国产大型数控机床的脉冲当量一般为 0.01 mm/脉冲,小型精密数控机床的脉冲当量为 0.005~0.001 mm/脉冲。数控机床加工时,数控装置根据传入的程序段,通过运算把脉冲分别发给 X、Y、Z 各坐标方向的伺服驱动机构,这种脉冲数目的分配计算称为插补运算。

数控机床上每个坐标方向的拖板都是"一步"、"一步"进给的,因此形成的运动轨迹都是折线,而需要加工的零件表面又多是光滑的连续曲线和斜线,为了解决这一矛盾,可用加密的折线来插补所要加工的曲线。如图 5.10 所示,加工同样一段圆弧,折线线段大的,加工误差大,折线线段小的,逼近程度好,加工误差也小。也就是说数控系统的脉冲当量越小,加工精度越高。

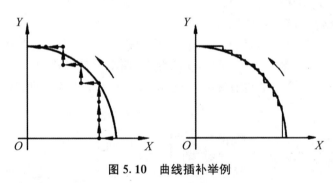

图 5.10 曲线插补举例

下面介绍逐点比较法加工直线和圆弧时的插补原理。

5.4.1 直线插补

如图 5.11 所示,机床在某一程序中要加工一条与 X 轴夹角为 α 的 OA 直线,前已述及,在数控机床加工中,是用梯形的折线来代替直线的。只要折线与直线的最大偏差不超过加工精度允许的范围,就可以把这些折线近似的认为是 OA 直线。规定:当加工点在 OA 直线上或它的上方,该点的偏差值(指该点与 O 点连线的直线斜率与 OA 线斜率差)$F \geqslant 0$;若在直线的下方,该点的偏差值 $F<0$。机床数控装置的逻辑功能,能够根据偏差值自动地判别走步。当 $F \geqslant 0$ 时,朝+X 方向进给一步,当 $F<0$ 图 5.11 直线插补原理时,朝+Y 方向进给一步,每走一步就自动比较一下,边判别边走步,刀具按照折线 O—1—2—3—4—…—A

顺序逼近 OA 直线,从 O 点起直到加工至 A 点为止。

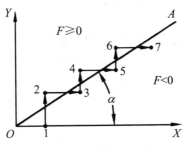

图 5.11　直线插补原理

5.4.2　圆弧插补

如图 5.12 所示,机床在某一程序中要加工半径为 R 的圆弧 AB。其插补原理与直线插补原理相同。规定:当加工点在圆弧 AB 上或圆弧的外侧,其偏差值(该点到原点 O 的距离与半径的差值)$F \geq 0$;若该点在圆弧内侧,其偏差值 $F < 0$。当 $F \geq 0$ 时,朝 $-X$ 方向进给一步,当 $F < 0$ 时,朝 $+Y$ 方向进给一步。刀具沿折线 A—1—2—3—4—5—…—B 顺序逼近圆弧,从 A 点起直到加工至 B 点为止。

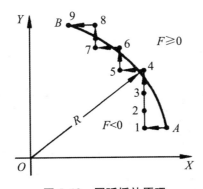

图 5.12　圆弧插补原理

以上是以第一象限的直线和圆弧为例讲插补原理,直线和圆弧处于其他象限时,只需相应改变进给方向,但其插补原理相同。当加工点从一个象限转到另一个象限时,数控装置可自动修改方向。

5.5　数控车床的操作

数控车床是用计算机数字控制的车床。和普通车床相比,数控车床是将编制好的加工程序输入到数控系统中,由数控系统通过车床 X、Z 坐标轴的伺服电动机去控制车床进给运动部件的动作顺序、移动量和进给速度,再配以主轴的转速和转向,便能加工出各种形状不同的轴类或盘类回转体零件。因此,数控车床是目前使用较为广泛的一种数控机床。

5.5.1 数控车床的特点及组成

数控车床的进给系统与普通车床有本质的区别。数控车床没有传统的进给箱和交换齿轮架,它是直接采用伺服电动机经滚珠丝杠,传到滑板和刀架,实现 Z 向(纵向)和 X 向(横向)进给运动。而普通卧式车床主轴的运动经过齿轮架、进给箱、溜板箱传到刀架实现纵向和横向进给运动。因此数控车床进给传动系统的结构较普通卧式车床大为简化。数控车床主轴与纵向丝杠虽然没有机械传动联结,但它也有加工各种螺纹的功能,它一般是采取伺服电动机驱动主轴旋转,并且在主轴箱内安装有脉冲编码器,主轴的运动通过齿轮或同步齿形带 1∶1 地传到脉冲编码器;当主轴旋转时,脉冲编码器便发出检测脉冲信号给数控系统,使主轴电动机的旋转与刀架的切削进给保持同步关系,即实现加工螺纹时主轴转一转刀架 Z 向移动工件一个导程的运动关系。

数控车床结构是由床身、主轴箱、刀架、进给传动系统、液压系统、冷却系统及润滑系统等部分组成。

5.5.2 数控车床的分类及用途

1. 按数控系统的功能分类

(1) 全功能型数控车床

这种机床分辨率高,进给速度快(一般 15 m/min 以上),进给多半采用半闭环直流或交流伺服系统,机床精度也相对较高,多采用 CRT 显示,不但有字符,而且有图形、人机对话、自诊断等功能。如配有 FANUC-6T 系统、FANUC-OTE 系统级数控车床都是全功能型的。

(2) 经济型数控车床

经济型数控车床结构布局多数与普通车床相似,一般采用步进电动机驱动的开环伺服系统,采用单板机或单片机实现控制功能。显示多使用数码管或简单的 CRT 字符显示。

2. 按主轴轴线的配置形式分类

(1) 卧式数控车床
主轴轴线处于水平位置的数控车床。
(2) 立式数控车床
主轴轴线处于垂直位置的数控车床。
还有具有两根主轴的车床,称为双轴卧式数控车床或双轴立式数控车床。

3. 按数控系统控制的轴数分类

(1) 两轴控制的数控车床
机床上只有一个回转刀架,可实现两坐标轴控制。
(2) 四轴控制的数控车床
机床上有两个独立的回转刀架,可实现四轴控制。
对于车削中心或柔性制造单元,还需增加其他的附加坐标轴来满足机床的功能。目前,我国使用较多的是中小规格的、两坐标连续控制的数控车床。

数控车床用途与普通车床一样,也是用来加工轴类或盘类的回转体零件。但是由于数控车床是自动完成内外圆柱面、圆锥面、圆弧面、端面、螺纹等工序的切削加工,所以数控车床特别适合加工形状复杂的轴类或盘类零件。

数控车床具有加工灵活、通用性强、能适应产品的品种和规格频繁变化的特点,能够满足新产品的开发和多品种、小批量、生产自动化的要求,因此被广泛应用于机械制造业,例如汽车制造厂、发动机制造厂等。

5.5.3 数控机床的坐标系和运动方向的规定

为统一数控机床坐标和运动方向的描述,国家有关部委颁布了《数字控制机床坐标和运动方向的命名》标准(JB0351—82)。在数控机床中,为使编程简便,国际上使用右手直角笛卡尔坐标系(如图 5.13 所示)。

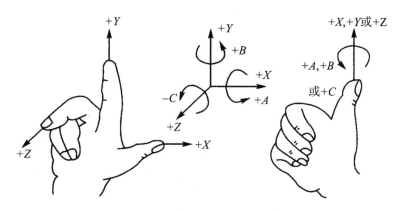

图 5.13 右手笛卡尔直角坐标系

图中确定了直角坐标 X、Y、Z 三者的关系及其方向,并规定围绕 X、Y、Z 各轴的回动的名称及方向。X、Y、Z 坐标轴的相互关系用右手定则决定。X、Y、Z 的正方向是使工件尺寸增加的方向,即增大工件和刀具距离的方向。通常以平行于主轴的轴线为 Z 坐标,X 方向是水平的,并且平行于工件装夹面,Y 坐标按右手笛卡尔坐标系来确定。旋转坐标 A、B、C 的正向,相应的为在 X、Y、Z 坐标正方向上按照右旋螺纹前进的方向。上述规定为工件固定、刀具移动。编程时通常以刀具移动的坐标正方向为正向。

立式铣床、卧式车床的标准坐标系如图 5.14 所示。

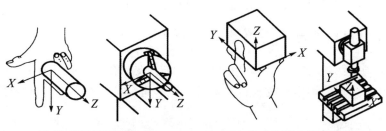

(a) 卧式车床坐标系　　　　(b) 立式升降台铣床坐标系

图 5.14 卧式车床与立式升降台铣床坐标系

5.5.4 CAK6136数控车床主要技术参数

CAK6136数控车床主要技术参数如表5.1所示。

表5.1 CAK6136数控车床主要技术参数

床身上最大回转直径(mm)	360	电动刀架位数		四位
刀架上最大回转半径(mm)	180	主电动机(双速电机)功率(kW)		3/4.5
最大工件长度(mm)	1 000	主轴转速级数		12级
中心高(mm)	186	主轴转速范围(r/min)		32~2 000
床面宽度(mm)	300	主轴孔锥度		莫氏6号
横向、纵向快速进给(mm/min)	5 000	尾座套筒锥孔度		莫氏4号
切削进给范围(mm/rad)	0.01~500	刀架最大行程(mm)	横向(X)	205
			纵向(Z)	800

5.5.5 数控车床的控制面板

1. 显示器

可以显示机床的各种参数和功能。如显示机床参考点坐标、刀具起始点坐标、输入数控系统的指令数据、刀具补偿量的数值、报警信号、自诊断结果、滑板快速移动速度以及间隙补偿量等。

2. 选择方式开关

此开关能选择如下方式:示教、手动、步进、自动、手动数据输入和程序编辑。
① 示教:能把机床位置存储在存储器,并能手动进给和进行程序的编辑操作。
② 手动:选择手动进给按钮,逐轴进行手动进给。
③ 步进:选择手动进给按钮,逐轴进行微动进给。
④ 自动:用存储在存储器内的数控指令进行自动运行。
⑤ 手动数据输入:用手动输入1段程序并执行。输入偏移补偿、参数(变更偏移补偿或参数后,请不要马上切断电源。请把选择开关放到别的方式上,等显示改变后,再切断电源)。
⑥ 编辑:做成编辑程序,然后存储到存储器中(作为编辑程序后,不要马上切断电源。请把选择开关放到别的方式上,等显示改变后,再切断电源)。

3. 调整手动进给速度

在手动进给中能够选择0~1 200 mm/min的速度。在自动进给中,可以指定速度的0~150%,用10%为单位调整速度。自动进给中能够进行0~100%的速度调整。

4. 调整步进长度

请选择步进方式。按箭头按钮时,只移动所选择的量。进给速度可用进给倍率开关来选择。

5. MDI 手动数据输入

请选择手动方式。按 PROGRAM 程序键。出现 MDI 方式的程序画面。请用地址键及数据键输入所需要的数据。按 EOB/INPUT 输入的数据显示在屏幕上。

(1) 输入数据的确定

数据输入后,只要按 MDI,数据就可被确定。这样就可以执行了。

(2) 数据的执行

按启动键,就可以执行输入的内容。在执行或自动执行中,想中断执行,按 FEED/HOLD 键。按启动键,可执行由于按进给保持键而动作暂时中断的工作,此时在停止位置开始工作。

(3) 报警及相应处置

若按启动按钮显示报警后,按复位键 RESET 重新开始工作。

6. 自动运行

请选择自动方式。请选择所需运行的程序。按 REF/RETURN,请进行回原点操作。

(1) 启动

请按启动键,开始自动运行。

(2) 中断执行

中断执行工作中的程序时按 FEED/HOLD 键。指示灯亮时,执行停止。按启动键,可重新执行使用进给保持键临时停止的工作,从停止位置再次工作。

当单程序段在自动运行中要逐个执行程序段时,按 SINGLE/BLOCK。每执行完一个程序段就临时停一下,按启动键后又开始执行下一步。

因固定循环时的一个程序段同其他的不同。跳过任选程序段 OPT/LOCK 具有决定程序上包含"/"(斜线)的程序段指令是否有效。任选程序段和一般的程序一样工作,只在跳过任选程序段的监视,无视带有"/"的入选程序段,执行其后面的程序段。要往程序段中输入"/"时,在地址处输入"/"并按输入键。反之,要删除时,请在地址处输入"/"并按删除键。

机床锁定 MACHINE/LOCK 开关为 ON,在停止机床工作的状态下只作显示器上的显示,其显示与工作时的一样。解除机床锁定应返回原点。机床锁定只能在程序开始前 ON。

空运转键,在 MDI 和自动方式下有效。

7. 程序的编辑

请选择编辑方式。程序输入或编辑后,请不要马上切断电源。把选择开关放到别的方式上,等显示改变后,再切断电源。想确认一下功能时,请在检索已经输入完成的程序后,将其打在画面上。

(1) 光标的移动

在所按箭头方向,移动显示中闪烁的光标。光标键在进行程序编辑、输入参数和刀具补偿值等光标操作中使用。如果现在看到的画面假定为 1 页,则通过按页面选择键,就可来回反转页面。

(2) 删除功能

使用删除键,可以删除不需要的数据。按 1 次出现删除信息。画面上显示 ARE YOU

SURE(可以删除吗)？这是为了防止错误。删除时按删除键，有错误时，按 CAN 取消。

(3) 修改功能 DEL

能够修改已经存在存储器中的地址数据。

(4) 数据的输入键 DATE/READ

接收从外部来的数据。

(5) 数据的输出键 DATE/WTITE

把数据输出到外部计算机。

(6) 程序的编辑

把选择开关放在编辑方式上。请按 PROGRAM 程序键。地址处出现"O"，这时能输入程序号。输入的号码显示在显示器上。用输入键可输入数据。经上面操作输入程序号，并在画面上方显示出程序号码后，就可以开始编辑程序了。为了给出顺序号，请按"N"键。可在地址处出现"N"。然后输入顺序号码，可在数据处显示出顺序号码。按 EOB/INPUT 输入键，可输入数据，以输入所需要的功能。按输入键，可输入所需输入的数据。如果一个程序结束了，按 EOB/INPUT 程序段结束键。在程序的最后输入 M30。

(7) 程序的检索

进行自动运行时，需要选择自动方式。需进行程序编辑时，需要选择编辑方式。按 PROGRAM 程序键，地址处显示为"O"，然后输入程序号码，按 SEARCH 键检索。如查询不到程序号码时，将显示出"ALARM 19"。如果出现报警显示，则按 RESET 复位键，回到初始画面后，就可以重新开始操作。

5.5.6 数控编程

1. 数控编程的方法

数控程序的编制可分为手工编程和自动编程两大类。

(1) 手工编程

从零件图分析、制定工艺规程、计算刀具运动轨迹、编写零件加工程序单、制作控制介质直到程序修正校核，整个过程主要由人工来完成，这种编程方法称为手工编程。对于几何形状不太复杂的较简单零件，加工序不多，宜采用手工编程。但是，对于形状比较复杂的零件，或者形状虽简单但编程量比较大的零件，若采用手工编程，易出错、难校对、效率低，宜采用自动编程。

(2) 自动编程

编制零件、加工程序的全部过程主要由计算机来完成，此种编程方法称为自动编程。自动编程时，编程人员只需根据零件图样和工艺过程规定的数控语言。手工编写一个较简单的零件加工源程序，输入到计算机中。计算机经过编译、处理，计算出刀具运动轨迹，自动编写出零件加工程序，并绘出零件图形和走刀轨迹，及时的检查程序正确与否，及时修改以获得正确程序。

计算机自动编程代替了手工操作、计算等一系列工作，既提高了工作效率。又提高了编程质量，解决了手工编程无法解决的难题。

2. 编程指令和程序格式

(1) 准备功能指令 G00—G99

① 设定工件坐标系指令(G54—G59)

指令格式　G54 X_ Z_

指令功能　通过刀具起点或换刀点的位置设定工件坐标系原点。

② 快速进给指令(G00)

指令格式　G00 X(U)_ Z(W)_

指令功能　G00 指令表示刀具以机床给定的快速进给速度移动到目标点,又称为点定位指令,移动过程无切削。

③ 直线插补指令(G01)

指令格式　G01 X(U)_ Z(W)_ F_

指令功能　G01 指令使刀具以设定的进给速度从所在点出发,直线插补至目标点。

④ 圆弧插补指令(G02,G03)

指令格式　G02 CW(顺时针) X(U)_ Z(W)_I_K(R)_F_
　　　　　G03 CCW(逆时针) X(U)_ Z(W)_I_K(R)_F_

指令功能　G02、G03 指令表示刀具以 F 进给速度从圆弧起点向圆弧终点进行圆弧插补。

⑤ 螺纹切削指令(G32)

指令格式　G32 X(U)_ Z(W)_F_

指令功能　切削加工圆柱螺纹、圆锥螺纹和平面螺纹等。

螺纹大径　$D_大 = D$ 公称 $-0.1 *$ 螺距;

螺纹小径　$D_小 = D$ 公称 $-1.3 *$ 螺距。

⑥ 刀尖圆弧半径补偿指令(G40—G42)

指令格式　G41(G42、G40)G01(G00) X(U)_ Z(W)_

指令功能　G41 为刀尖圆弧半径左补偿;

G42 为刀尖圆弧半径右补偿;

G40 是取消刀尖圆弧半径补偿。

⑦ 外圆切削循环指令(G90)

指令格式　G90 X(U)_ Z(W)_R_F_

指令功能　实现外圆切削循环和锥面切削循环。

⑧ 端面切削循环指令(G94)

指令格式　G94 X(U)_ Z(W)_R_F_

指令功能　实现端面切削循环和带锥度的端面切削循环。

⑨ 螺纹切削循环指令(G92)

指令格式　G92 X(U)_ Z(W)_R_F_

指令功能　切削圆柱螺纹和锥螺纹。

⑩ 外圆粗加工复合循环(G71)

指令格式　G71 UΔd Re
　　　　　G71 Pns Qnf UΔu WΔw Ff Ss Tt

指令功能　切除棒料毛坯大部分加工余量,切削是沿平行 Z 轴方向进行。

指令说明　Δd 表示每次切削深度(半径值)，无正负号；
　　　　　e 表示退刀量(半径值)，无正负号；
　　　　　ns 表示精加工路线第一个程序段的顺序号；
　　　　　nf 表示精加工路线最后一个程序段的顺序号；
　　　　　Δu 表示 X 方向的精加工余量，直径值；
　　　　　Δw 表示 Z 方向的精加工余量。

⑪ 端面粗加工复合循环(G72)

指令格式　G72 WΔd Re
　　　　　G72 Pns Qnf UΔu WΔw Ff Ss Tt

指令功能　除切削是沿平行 X 轴方向进行外，该指令功能与 G71 相同

⑫ 固定形状切削复合循环(G73)

指令格式　G73 UΔi WΔk Rd
　　　　　G73 Pns Qnf UΔu WΔw Ff Ss Tt

指令功能　适合加工铸造、锻造成形的一类工件。

指令说明　Δi 表示 X 轴向总退刀量(半径值)；
　　　　　Δk 表示 Z 轴向总退刀量；
　　　　　d 表示循环次数；
　　　　　ns 表示精加工路线第一个程序段的顺序号；
　　　　　nf 表示精加工路线最后一个程序段的顺序号；
　　　　　Δu 表示 X 方向的精加工余量，直径值；
　　　　　Δw 表示 Z 方向的精加工余量。

⑬ 精加工复合循环(G70)

指令格式　G70 Pns Qnf

指令功能　用 G71、G72、G73 指令粗加工完毕后，可用精加工循环指令。

指令说明　ns 表示指定精加工路线第一个程序段的顺序号；
　　　　　nf 表示精加工路线最后一个程序段的顺序号

G70～G73 循环指令调用 N(ns)至 N(nf)之间程序段，其中程序段中不能调用子程序。

⑭ 端面钻孔复合循环指令(G74)

指令格式　G74 Re
　　　　　G74 X(U)_ Z(W)_PΔi QΔk RΔd Ff

指令功能　可以用于断续切削，走刀路线如图 5.15 所示。

指令说明　e 表示退刀量；
　　　　　X 表示 B 点的 X 坐标值；
　　　　　U 表示由 A 至 B 的增量坐标值；
　　　　　Z 表示 C 点的 Z 坐标值；
　　　　　W 表示由 A 至 C 的增量坐标值；
　　　　　Δi 表示 X 轴方向移动量，无正负号；
　　　　　Δk 表示 Z 轴方向移动量，无正负号；
　　　　　Δd 表示在切削底部刀具退回量；
　　　　　f 表示进给速度。

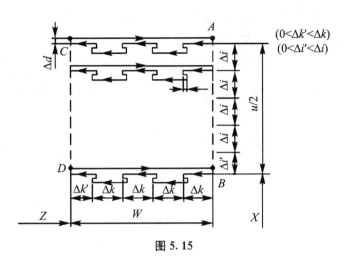

图 5.15

如把 X(U) 和 P、R 值省略,则可用于钻孔加工。

⑮ 外圆切槽复合循环(G75)

指令格式　G75 Re

　　　　　G75 X(U)_ Z(W)_PΔi QΔk RΔd Ff

指令功能　用于端面断续切削,走刀路线如图 5.16 所示,如把 Z(W) 和 Q、R 值省略,则可用于外圆槽的断续切削。

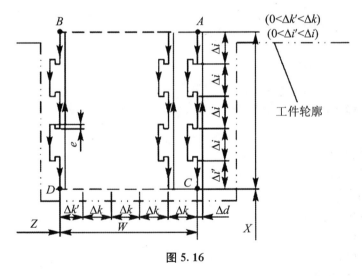

图 5.16

指令说明　e 表示退刀量;

　　　　　X 表示 C 点的 X 坐标值;

　　　　　U 表示由 A 至 C 的增量坐标值;

　　　　　Z 表示 B 点的 Z 坐标值;

　　　　　W 表示由 A 至 B 的增量坐标值;

　　　　　其他各符号的意义与 G74 相同。

⑯ 螺纹切削复合循环(G76),走刀路线如图 5.17 所示。

指令格式　G76 Pm r a QΔdmin Rd

　　　　　G76 X(U)_ Z(W)_Ri Pk QΔd Ff

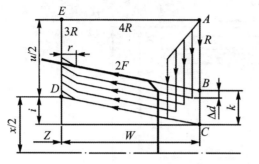
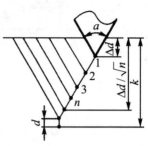

图 5.17 走刀路线

指令说明　m 表示精加工重复次数；
　　　　　r 表示斜向退刀量单位数；
　　　　　a 表示刀尖角度；
　　　　　Δd 表示第一次粗切深（半径值）；
　　　　　$\Delta d\min$ 表示最小切削深度；
　　　　　X 表示 D 点的 X 坐标值；
　　　　　U 表示由 A 点至 D 点的增量坐标值；
　　　　　Z 表示 D 点 Z 坐标值；
　　　　　W 表示由 C 点至 D 点的增量坐标值；
　　　　　i 表示锥螺纹的半径差；
　　　　　k 表示螺纹高度（X 方向半径值）；
　　　　　d 表示精加工余量；
　　　　　f 表示螺纹导程。

（2）辅助功能代码 M00—M99

M00　程序暂停
M01　任选暂停
M02　主程序结束
M03　启动主轴正转
M04　启动主轴反转
M05　主轴停止
M06　刀塔转位
M07、M08　切削液开
M09　切削液关
M41　低速齿轮挡
M42　中速齿轮挡
M43　高速齿轮挡
M98　调用子程序 P_
M99　子程序结束
M30　程序结束并返回程序头

（3）进给量指令 F

(4) 主轴转速指令 S
(5) 刀具号指令 T

3. 编程实例

以数控车床为例：

在一个零件程序或一个程序段中，零件尺寸既可以用绝对坐标值（X、Z）表示，又可以用相对坐标值（U、W）表示，还可以二者混用。需要注意的是：直径方向用绝对坐标值表示时，X 以直径值表示；用相对坐标值表示时，以径向实际位移量的两倍值表示，并附上 ± 表示其方向。

【例1】 车外圆和外圆锥面，如图 5.18 所示。

G00 X18 Z2   A—B
G01 X18 Z-15 F50   B—C
G01 X30 Z-26   C—D
G01 X30 Z-36   D—E
G01 X42 Z-36   E—F

【例2】 综合加工，如图 5.19 所示。

O0001；
G00 G40 G97 G99 M03 S500；
X100. Z100.；
T0101；
X51. Z1.0；
G71 U2. R1.；
G71 P7 Q14 U0.5 W0. F0.2；
N7 G42 G00 X0；
G01 Z0；
G03 X20. Z-10. R10.；
G01 Z-26.4；
G03 X36. Z-58.649 R22.；
G01 Z-75.；
G02 X50. Z-82. R7.；
G01 Z-92.；
N14 X51.；
G00 X100. Z150.；
M05；
M00；
M03 S1000 T0101；
G00 X51. Z2.0；
G70 P7 Q14 F0.1；
G40 G00 X100. Z100.；
M30

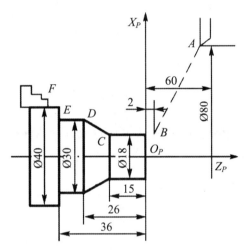

图 5.18 车外圆和外圆锥面

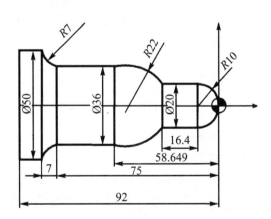

图 5.19 综合加工

5.6 加工中心

加工中心(Machining Center 简称 MC)是一种功能较全的数控加工机床,它的刀库中可装十几种到上百种刀具,以供选择,并由自动换刀装置进行自动换刀。能自动完成除工件基准面以外的其余各面的连续加工,多数由小型计算机进行控制。它是目前世界上产量最高、应用最广泛的数控机床,适用于产品多变的中小批量生产。加工中心机床大多以镗铣为主,进行镗、铣、钻、扩、铰及攻丝等多工序加工,主要用于加工箱体或菱形零件。另外还有一类以轴类零件为主要加工对象,是在数控车床的基础上发展起来的,习惯上简称车削中心。

1. 加工中心的分类

(1) 镗、铣类加工中心

它把镗削、铣削和螺纹切削等功能集中在一台数控设备上,使之具有多种工艺手段。加工中心设置刀库,刀库中存放有十几种甚至上百种刀具或验具,在加工过程中可实现自动换刀。这是它区别于数控镗床和数控铣床的重要特征,如图 5.20 所示。

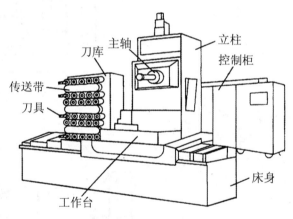

图 5.20 镗铣类加工中心

(2) 车削类加工中心

车削类加工中心的主要部件是数控车床,配有刀库和换刀机械手可使自动选择的刀具数量大为增加,如图 5.21 所示。因具有动力刀具功能和 C 轴位置控制功能,车削中心能够铣削凸轮槽和螺旋槽,工作范围比普通数控车床也大为增加。

2. 加工中心的自动换刀装置

(1) 刀库的换刀方式

① 顺序换刀方式。此种方式不能重复使用某一种刀具,使用时按规定顺序取出,且中途不得改变。

② 固定地址选刀方式。这是一种"对号入座"的方式,也称为刀座编号方式。选刀时按给定的刀具编号寻找刀座,用完后按原地址插还。

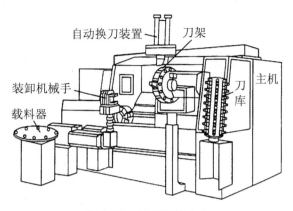

图 5.21 卧式车削中心

③ 半任意式选刀方式。每一把刀具都有一把表示此刀具编号的编码钥匙,刀具可放在任一刀座中,把钥匙插在刀座钥匙孔中,选刀具时,按钥匙上的代码突起状况识别刀具编码。

④ 任意选刀方式。又称刀具编码方式。刀具可以放入刀库中的任一刀座。换刀时可把卸下的刀具就近安放,这种方式简化了机械动作与加工前的刀具准备工作,也减少了选刀失误的可能性,是目前采用较多的一种选刀方式。

(2) 加工中心的特点

① 加工中心是一种具有迅速交换刀具功能的数控机床,又称自动换刀数控机床,它把多种机床的功能结合起来,配以自动换刀装置,组成多功能机床。

② 一次装夹后能完成铣削、镗削、钻孔、铰孔、攻螺纹等多道工序的连续加工。比使用普通机床进行多次装夹、多次调整要节约时间,并保证精度,提高了机床的切削利用率。

③ 直线切削控制的加工中心可自动进行刀具补偿。

(3) 自动换刀机构的刀库形式

自动换刀机构的刀库形式如图 5.22 所示,图中(a)~(d)为圆盘式刀库,(e)为鼓筒弹夹式,(f)为链式,(g)为多层盘式,(h)为格子式。

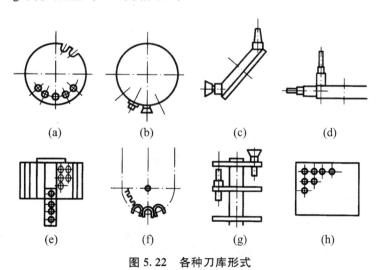

图 5.22 各种刀库形式

思考与练习

一、填空题

1. 数控机床是由_____、_____、_____、_____、_____和_____组成。
2. 数控机床按运动轨迹分类有：采用_____的数控机床、采用_____的数控机床和采用_____的数控机床。
3. 采用点位控制的数控机床有：数控_____、数控_____和数控_____。
4. 采用连续控制的数控机床有：数控_____、数控_____和数控_____等。
5. 数控机床按工艺用途分类有：_____、_____、_____和_____。

二、问答题

1. 简述数控机床的安全操作规程。
2. 什么叫数控机床？数控机床各组成部分的作用有哪些？
3. 采用点位控制、直线控制和连续控制的数控机床的特点是什么？
4. 数控加工的工艺特点有哪些？
5. 什么是加工中心？有何特点？
6. 简述数控机床的基本操作要点。

三、实训题

详细记录实习过程中所接触到的零件加工过程和要求。

（注：学生可以进行一些创新设计，如加工笔筒、模型（保龄球）艺术字等，提高实习的趣味性和主动性。）

测 试 题

1 钳工测试题

一、选择题

1. 什么是道德？正确解释是（　　）。
   A. 人的技术水平　B. 人的交往能力　C. 人的行为规范　D. 人的工作能力
2. 依法治国与以德治国的关系是（　　）。
   A. 有先有后的关系　　　　　　　　B. 有轻有重的关系
   C. 相辅相成、相互促进的关系　　　D. 互相替代的关系
3. 职业道德修养属于（　　）。
   A. 个人性格的修养　　　　　　　　B. 个人文化的修养
   C. 思想品德的修养　　　　　　　　D. 专业技能的素养
4. 两带轮的传动比 $i>1$，是（　　）传动。
   A. 增速　　　　B. 减速　　　　C. 变速
5. 在大批量生产中应尽量采用高效的（　　）夹具。
   A. 专用　　　　B. 通用　　　　C. 组合
6. 6201 轴承的内径是（　　）mm。
   A. 10　　　　B. 12　　　　C. 15　　　　D. 20
7. 某液压千斤顶，小活塞面积为 1 cm^2，大活塞为 100 cm^2，当在小活塞上加 5 N 力时，如果不计摩擦阻力等，大活塞可产生（　　）N 的力。
   A. 100　　　　B. 1000　　　　C. 500　　　　D. 50
8. 有一直齿圆柱齿轮，$m=4$，$Z=36$，它的分度圆直径为（　　）mm。
   A. 152　　　　B. 134　　　　C. 144　　　　D. 140
9. 有一直齿圆柱齿轮，$m=4$，$Z=36$，它的齿高为（　　）mm。
   A. 4　　　　B. 9　　　　C. 5　　　　D. 10
10. 在铸铁工件上攻制 M10 的螺纹，底孔应选择钻头直径为（　　）。
    A. 10　　　　B. 9　　　　C. 8.4
11. 锯条的切削角度前角是（　　）。
    A. 30°　　　　B. 0°　　　　C. 60°　　　　D. 40°
12. 2 英寸等于（　　）英分。
    A. 8　　　　B. 16　　　　C. 20

13. 向心球轴承适用于承受（　　）载荷。
    A. 轴向　　　　B. 径向　　　　C. 双向
14. 推力轴承适用于承受（　　）载荷。
    A. 轴向　　　　B. 径向　　　　C. 轴向与径向
15. 7318轴承的内径是（　　）mm。
    A. 40　　　　B. 50　　　　C. 100　　　　D. 90
16. 滑动轴承的轴瓦主要失效形式是（　　）。
    A. 折断　　　　B. 塑性变形　　　　C. 磨损
17. 机床分为若干种，磨床用字母（　　）表示。
    A. "C"　　　　B. "X"　　　　C. "M"　　　　D. "X"
18. 两带轮传动，其传动比 $i=0.5$，则它传动是（　　）传动。
    A. 减速　　　　B. 增速　　　　C. 等速
19. 两带轮传动，其传动比 $i=0.2$，则传动属于（　　）传动。
    A. 减速　　　　B. 增速　　　　C. 等速
20. 用定位销连接经常拆的地方宜选用（　　）。
    A. 圆柱销　　　　B. 圆锥销　　　　C. 槽销
21. 用定位销连接承受振动和有变向载荷的地方宜选用（　　）。
    A. 圆柱销　　　　B. 圆锥销　　　　C. 槽销
22. 在拆卸困难的场合宜用（　　）。
    A. 螺尾圆锥销　　B. 圆柱销　　C. 开尾圆锥销
23. 在两轴轴线相交的情况下，可采用（　　）。
    A. 带轮传动　　B. 链轮传动　　C. 圆锥齿轮传动
24. 摇臂钻床的摇臂回转角度为（　　）。
    A. ±45°　　　B. ±90°　　　C. ±120°　　　D. ±180°
25. 立式钻床的进给箱升降时通过（　　）来实现的。
    A. 螺旋机构　　B. 齿轮与齿条机构　　C. 凸轮机构　　D. 链传动
26. 立式钻床主轴上提时轻快方便，这是由于（　　）。
    A. 齿轮齿条传动　　　　　　B. 主轴部件重量轻
    C. 主轴部件没有平衡装置　　D. 螺旋传动
27. Z3040型摇臂钻床主轴的径向支承采用（　　）轴承。
    A. 深沟球　　B. 推力球　　C. 向心球　　D. 向心推力球
28. 用钻夹头装夹直柄钻头是靠（　　）传递运动和扭矩的。
    A. 摩擦　　B. 啮合　　C. 机械的方法　　D. 螺纹件坚固的方法
29. Z3040型摇臂钻床主轴前端有一（　　）号莫氏锥孔。
    A. 2　　　　B. 3　　　　C. 4　　　　D. 5
30. 在摇臂钻床上加工零件的平行孔系，一般用（　　）钻夹具。
    A. 回转式　　B. 固定式　　C. 移动式　　D. 翻转式
31. 盖板式钻模一般没有（　　），只要将它覆盖在工件上即可进行加工。
    A. 夹具体　　B. 钻套　　C. 定位元件　　D. 夹紧装置
32. 当钻模板妨碍工件装卸或钻孔后需攻螺纹时，一般可采用（　　）式钻模板。

A. 固定　　　　B. 可卸　　　　C. 悬挂　　　　D. 铰链

33. 用于加工同心圆周上的平行孔系或分布在几个不同表面上的径向孔的是(　　)钻床夹具。

　　A. 固定式　　B. 移动式　　C. 翻转式　　D. 回转式

34. 被加工孔直径大于 10 mm 或加工精度要求高时,宜采用(　　)式钻模。

　　A. 固定　　　B. 翻转　　　C. 回转　　　D. 移动

35. 当工件需钻、扩、铰多工步加工时,快速更换不同孔径的钻套,应选用(　　)钻套。

　　A. 固定　　　B. 可换　　　C. 快换　　　D. 特殊

36. 一般铰刀齿数为(　　)数。

　　A. 奇　　　　B. 偶　　　　C. 任意　　　D. 小

37. 锥铰刀铰削时,全齿切削(　　)。

　　A. 较费时　　B. 较省时　　C. 较费力　　D. 较省力

38. 锯弓材料多为(　　)。

　　A. 低碳钢　　B. 中碳钢　　C. 高碳钢　　D. 铸铁

39. 锉削圆弧半径较小时,使用(　　)锉。

　　A. 平　　　　B. 圆　　　　C. 半圆　　　D. 方

40. 为了减小手动铰刀轴向力,减轻劳动强度,常取主偏角 Kr = (　　)。

　　A. 15°　　　 B. 45°　　　 C. 1°30′　　 D. 0°

41. 设计制造精加工有色金属或铸铁类工件的刀具时,应选择的刀具材料为(　　)。

　　A. YG3　　　B. YG8　　　C. YT5　　　 D. YT30

42. 研具材料比被研磨的工件(　　)。

　　A. 硬　　　　B. 软　　　　C. 软硬均可　D. 可能软,可能硬

43. 分度头的规格是以主轴中心线至(　　)表示。

　　A. 顶面距离　B. 左边宽度　C. 底面高度　D. 右边宽度

44. 小型 V 型铁一般用中碳钢经(　　)加工后淬火磨削而成。

　　A. 刨削　　　B. 车削　　　C. 铣削　　　D. 钻削

45. 麻花钻将棱边转角处副后刀面磨出副后角主要用于(　　)。

　　A. 铸铁　　　B. 碳钢　　　C. 合金钢　　D. 铜

46. 修磨标准麻花钻外缘处的前刀面,其作用是(　　)。

　　A. 减小前角　B. 减小楔角　C. 减小主后角　D. 减小顶角

47. 标准麻花钻修磨分屑槽时,是在(　　)上磨出分屑槽的。

　　A. 前刀面　　B. 后刀面　　C. 副后刀面　D. 基面

48. 钻铸铁的钻头后角一般比钻钢材料时大(　　)。

　　A. 1°~3°　　B. 3°~5°　　C. 5°~7°　　D. 7°~9°

49. 钻削铸铁材料时钻头的(　　)摩擦严重。

　　A. 主后刀面　B. 前刀面　　C. 横刃　　　D. 副切削刃

50. 标准麻花钻主切削刃上各点处的后角大小不相等,越接近中心越大,其值为(　　)度。

　　A. 20~26　　B. 26~30　　C. 30~36　　D. 36~40

51. 标准群钻的横刃磨得越短,新形成的内刃前角(　　)。

　　A. 减小　　　B. 无明显变化　C. 增大　　　D. 增大或减小

52. 标准群钻上磨出月牙槽形成圆弧刃（　　）。
    A. 使扭矩减小　　B. 增大轴向力　　C. 切削不平稳　　D. 加强定心作用
53. 用薄板群钻在薄板材料上钻孔（　　）。
    A. 孔较圆整　　B. 孔的形状误差大　　C. 孔径歪斜　　D. 钻孔不容易
54. 为了减小切屑与主后刀面的摩擦,铸铁群钻的主后角（　　）。
    A. 应大些　　　　　　　　　　　　B. 应小些
    C. 取标准麻花钻的数值　　　　　　D. 与钻钢材时相同
55. 标准群钻圆弧刃上各点的前角（　　）。
    A. 比麻花钻大　　B. 比麻花钻小　　C. 与麻花钻相等　　D. 为一定值
56. 研磨面出现表面不光洁时,是（　　）。
    A. 研磨剂太厚　　B. 研磨时没调头　　C. 研磨剂混入杂质　　D. 磨料太厚
57. 当研磨高速钢件时可选用（　　）。
    A. 棕刚玉　　B. 白刚玉　　C. 绿色碳化硅　　D. 金刚石
58. 适宜做研磨研具的最好材料是（　　）。
    A. 灰铸铁　　B. 钢　　C. 软钢　　D. 球墨铸铁
59. 氧化铁用于（　　）的研磨。
    A. 黄铜　　B. 铝　　C. 陶瓷　　D. 玻璃
60. 研磨平板有四个精度级别,最高为（　　）级。
    A. 0　　B. 1　　C. 2　　D. 3
61. 研磨平板的形状仅有（　　）形。
    A. 方　　B. 矩　　C. 三角　　D. 圆
62. 去除齿轮表面上的油漆,可用（　　）。
    A. 铲刮法　　B. 钢丝刷　　C. 毛刷　　D. 浓硫酸
63. 检验曲面刮削的质量,其校准工具一般是与被检曲面配合的（　　）。
    A. 孔　　B. 轴　　C. 量具　　D. 刀具
64. 标准平板是检验、划线、刮削的（　　）。
    A. 基本工具　　B. 基本量具　　C. 一般量具　　D. 基本刀具
65. 机械加工后留下的刮削余量不宜太大,一般为（　　）mm。
    A. 0.04～0.05　　B. 0.05～0.4　　C. 0.4～0.5　　D. 0.2～0.3
67. 曲面刮削时,应根据其不同的（　　）和不同的刮削要求,选择刮刀。
    A. 尺寸　　B. 形状　　C. 精度　　D. 位置
68. 刮削大型平导轨时,在 25 mm² × 25 mm² 内接触点为（　　）点。
    A. 8　　B. 6　　C. 4　　D. 2
69. 红丹粉颗粒很细,用时以少量（　　）油调和均匀。
    A. 汽　　B. 煤　　C. 柴　　D. 机
70. 刮削二级精度平板之前,最好经过（　　）。
    A. 精刨　　B. 精车　　C. 精磨　　D. 精铣

二、判断题

1. 被加工零件的精度等级越低,数字越小。　　　　　　　　　　　　　　　　（　　）
2. 被加工零件的精度等级数字越大,精度越低,公差也越大。　　　　　　　　（　　）

3. 零件的公差等同于偏差。（　　）
4. 加工零件的偏差是极限尺寸与公称尺寸之差。（　　）
5. 锥度等同于斜度。（　　）
6. 轴承在低速旋转时一般采用脂润滑，高速旋转时宜用油润滑。（　　）
7. 某尺寸链共有几个组成环，除 1 个封闭环外，共有 $n-1$ 个组成环。（　　）
8. 液压传动容易获得很大的力、低速、大扭矩的传动，并能自动控制扭矩输出。（　　）
9. 液压传动效率高，总效率可达 100%。（　　）
10. 螺纹的作用是用于连接，没有传动作用。（　　）
11. 丝杆和螺母之间的相对运动，是把旋转运动转换成直线运动。（　　）
12. 退火的目的是使钢件硬度变高。（　　）
13. ⌀50 的最大极限尺寸是 ⌀49.985。（　　）
14. 上偏差的数值可以是正值，也可以是负值，或者为零。（　　）
15. 实际偏差若在极限偏差范围之内，则这个零件合格。（　　）
16. 实际偏差的数值一定为正值。（　　）
17. 基准孔的最小极限尺寸等于基本尺寸，故基准孔的上偏差为零。（　　）
18. 基准轴的最大极限尺寸等于基本尺寸，故基准轴的下偏差为零。（　　）
19. 尺寸精度越高，粗糙度越低。（　　）
20. 精密量具也可以用来测量粗糙的毛坯。（　　）
21. 为了使零件具有完全互换性，必须使各零件的几何尺寸完全一致。（　　）
22. 零件的实际尺寸位于所给定的两个极限尺寸之间，则零件的该尺寸为合格。（　　）
23. 相互配合的孔和轴，其基本尺寸必须相同。（　　）
24. 某一零件的实际尺寸正好等于其基本尺寸，则该尺寸必然合格。（　　）
25. 测量精度和测量误差是两个相对的概念，精度高，则误差小，反之精度低，则误差大。（　　）
26. 由于随机误差产生的因素多具有偶然性和不稳定性，因而在较高精度的测量中，只能将此误差忽略不计。（　　）
27. 使用相同精度的计量器具，采用直接测量法比采用间接测量法的精度高。（　　）
28. 规定形位公差的目的是为了限制形状和位置误差，从而保证零件的使用性能。（　　）
29. 采用形位公差的未注公差值，在图样和技术文件中不须作任何标注和说明。（　　）
30. 圆跳动公差分为四种，划分的依据是被测要素的几何特征和检测方向。（　　）
31. 由加工形成的零件上实际存在的要素即为被测要素。（　　）
32. 与直线度公差和平面度公差之间的关系类似，线轮廓度公差带的形状要比面轮廓度公差带的形状复杂。（　　）
33. 对于某一确定的孔，其体外作用尺寸大于其实际尺寸；对于某一确定的轴，其体外作用尺寸小于其实际尺寸。（　　）
34. 可逆要求的实质是形位公差反过来可以补偿尺寸公差。（　　）
35. 提高零件沟槽和台阶圆角处的表面质量，可以增加零件的抗疲劳强度。（　　）
36. 由于表面粗糙度高度参数有三种，因而标注时在数值前必须注明相应的符号。（　　）
37. 加工余量可标注在表面粗糙度符号的右侧，而加工纹理方向符号标注在左侧。（　　）
38. 光滑极限量规须成对使用，只有在通规通过工件的同时止规又不通过工件，才能判

断工件是合格的。 ( )

39. 评定直线度误差,采用两端点连线法得到的误差值一定大于或等于采用最小区域法得到的误差值。 ( )
40. 构件是加工制造的单元,零件是运动的单元。 ( )
41. 车床上的丝杠与螺母组成螺旋副。 ( )
42. 齿轮机构中啮合的齿轮组成高副。 ( )
43. 摩擦轮传动可以方便地实现变向、变速等运动调整。 ( )
44. 普通 V 带有 7 种型号,其传递功率能力,A 型 V 带最小,Z 型 V 带最大。 ( )
45. V 带传动使用张紧轮的目的是增大小带轮上的包角,从而增大张紧力。 ( )
46. 齿轮传动平稳是因为齿轮传动能保证瞬时传动比的恒定。 ( )
47. 一对齿轮啮合的中心距稍增大后,其传动比不变,但因两齿轮节圆半径随之增大,啮合角会减小。 ( )
48. 螺旋角越大,斜齿轮传动越平稳。 ( )
49. 模数 m 反映了齿轮轮齿的大小,模数越大,轮齿越大,齿轮的承载能力越大。 ( )
50. 平行轴传动的定轴轮系传动比计算机公式中的(-1)的指数 m 表示轮系中相啮合的圆柱齿轮的对数。 ( )
51. 轮系中使用惰轮,即可变速,又可变向。 ( )
52. 加奇数个惰轮,主动轮与从动轮的回转方向相反。 ( )
53. 轮系传动既可用于相距较远的两轴间传动,又可获得较大的传动比。 ( )
54. 移动凸轮可以相对机架作直线往复运动。 ( )
55. 采用等加速等减速运动规律,从动件在整个运动过程中速度不会发生突变,因而没有冲击。 ( )
56. 平键、半圆键和花键均以键的两侧面实现周向固定和传递转矩。 ( )
57. 楔键连接能使轴上零件轴向固定,且能使零件承受单方向的轴向力,但对中性差。 ( )
58. 仅发生滑动摩擦的轴承称为滑动轴承,仅发生滚动摩擦的轴承称为滚动轴承。 ( )
59. 对开式径向滑动轴承磨损后,可以取出一些调整垫片,以使轴径与轴瓦间保持要求的间隙。 ( )
60. 万向联轴器主要用于两轴相交的传动。为了消除不利于传动的附加动载荷,可将万向联轴器成对使用。 ( )
61. 液压传动装置本质上是一种能量转换装置。 ( )
62. 液压传动系统的泄漏必然引起压力损失。 ( )
63. 外啮合齿轮泵中,轮齿不断进入啮合的一侧的油腔是吸油腔。 ( )
64. 液压系统一般由动力部分、执行部分、控制部分和辅助装置组成。 ( )
65. 溢流阀通常接在液压泵出口处的油路上,它的进口压力即系统压力。 ( )
66. 滚子平盘式无级变速机构是通过改变平盘的接触半径实现变速目的的。 ( )
67. 槽轮机构和棘轮机构一样,可方便地调节槽轮转角的大小。 ( )
68. 划线质量与平台的平整性有关。 ( )
69. 套丝前,圆杆直径太小会使螺纹太浅。 ( )
70. 水平仪可用于测量机件相互位置的平行度误差。 ( )

2 车工测试题

一、选择题

1. 车床（　　）的纵向进给和横向进给都是螺旋传动。
   A. 光杠　　　　B. 溜板　　　　C. 主轴　　　　D. 旋转
2. 千分尺的活动套筒转动一格,测微螺杆移动（　　）。
   A. 1 mm　　　 B. 0.1 mm　　　C. 0.01 mm　　 D. 0.001 mm
3. 用百分表测量时,测量杆应预先压缩 0.3～1 mm 以保证有一定的初始测力,以免（　　）测不出来。
   A. 尺寸　　　　B. 公差　　　　C. 形状公差　　 D. 负偏差
4. 开始工作前,必须按规定穿戴好防护用品是安全生产的（　　）。
   A. 重要规定　　B. 一般知识　　C. 规章　　　　D. 制度
5. 钻头上缠绕铁屑时,应及时停车,用（　　）清除。
   A. 手　　　　　B. 工件　　　　C. 钩子　　　　D. 嘴吹
6. 钻头（　　）为零,靠近切削部分的棱边与孔壁的摩擦比较严重,容易发热和磨损。
   A. 前角　　　　B. 后角　　　　C. 横刃斜角　　 D. 副后角
7. 孔的精度要求较高和表面粗糙度值要求很小时,应选用主要起（　　）作用的切削液。
   A. 润滑　　　　B. 冷却　　　　C. 冲洗　　　　D. 防腐
8. （　　）在检修电气设备内部故障时,应选用的安全电压灯泡作为照明。
   A. 6 V　　　　 B. 36 V　　　　C. 110 V　　　　D. 220 V
9. 主轴箱内部装有主轴及变速传动机构,其功能是支撑（　　）,以实现主运动。
   A. 齿轮　　　　B. 主轴　　　　C. 轴承
10. 进给箱内部装有进给运动的变换机构,用于改变机动（　　）大小及加工螺纹的导程大小。
    A. 转速　　　　B. 螺距　　　　C. 进给量
11. CM6140 车床中的 M 表示（　　）。
    A. 磨床　　　　B. 精密　　　　C. 机床类型的代号
12. 当机床的特性及结构有重大改进时,按其设计改进的次序分别用汉语拼音字母"A、B、C、D、…"表示,放在机床型号的（　　）。
    A. 最前面　　　B. 最末尾　　　C. 机床的类别代号后面
13. 车床丝杠是用（　　）润滑的。
    A. 浇油　　　　B. 溅油　　　　C. 油绳
14. 车床外露的滑动表面一般采用（　　）润滑。
    A. 浇油　　　　B. 溅油　　　　C. 油绳
15. 车床上常用的润滑有几种（　　）方式。
    A. 4　　　　　 B. 5　　　　　 C. 6

16. 长丝杠和光杠的转速较高,润滑条件较差,必须(　　)加油。
    A. 每周　　　　B. 每班次　　　　C. 每天
17. 当车床运转(　　)h后,需要进行一级保养。
    A. 100　　　　B. 200　　　　C. 500
18. 粗加工时,切削液应选用以冷却为主的(　　)。
    A. 切削油　　　　B. 混合油　　　　C. 乳化液
19. 切削液中的乳化液,主要起(　　)作用。
    A. 冷却　　　　B. 润滑　　　　C. 减少摩擦
20. 以冷却为主的切削液都是水溶液,且呈(　　)。
    A. 中性　　　　B. 酸性　　　　C. 碱性
21. C6140A车床表示经第(　　)次重大改进的。
    A. 一　　　　B. 二　　　　C. 三
22. 车床类别分为10个组,其中(　　)代表落地及卧式车床组。
    A. 3　　　　B. 6　　　　C. 9
23. 加工铸铁等脆性材料时,应选用(　　)类硬质合金。
    A. 钨钛钴　　　　B. 钨钴　　　　C. 钨钛
24. 粗车HT150时,应选用牌号为(　　)的硬质合金刀具。
    A. YT15　　　　B. YG3　　　　C. YG8
25. 车刀的常用材料有(　　)种。
    A. 2　　　　B. 3　　　　C. 4　　　　D. 5
26. 通过切削刃上某一定点,垂直于该点切削速度方向的平面叫(　　)。
    A. 基面　　　　B. 切削平面　　　　C. 主剖面
27. 刀具的前刀面和基面之间的夹角是(　　)。
    A. 楔角　　　　B. 刃倾角　　　　C. 前角
28. 刀具的后角是后刀面与(　　)之间的夹角。
    A. 基面　　　　B. 切削平面　　　　C. 前面
29. 刃倾角是(　　)与基面之间的夹角。
    A. 主切削刃　　　　B. 主后刀面　　　　C. 前面
30. 前角增大能使车刀(　　)。
    A. 刃口锋利　　　　B. 切削费力　　　　C. 排屑不畅
31. 精车刀的前角应取(　　)。
    A. 正值　　　　B. 零度　　　　C. 负值
32. 车刀刀尖处磨出过渡刃是为了(　　)。
    A. 断屑　　　　B. 提高刀具寿命　　　　C. 增加刀具刚性
33. 切削时,切屑排向工件已加工便面的车刀,刀尖位于主切削刃的(　　)点。
    A. 最高　　　　B. 最低　　　　C. 任意
34. 车削(　　)材料时,车刀可选择较大的前角。
    A. 软　　　　B. 硬　　　　C. 脆性
35. (　　)加工时,应取较大的后角。
    A. 粗　　　　B. 半精　　　　C. 精

36. 一般减小刀具的（　　）对减小工件表面粗糙度值效果明显。
    A. 前角　　　　　B. 副偏角　　　　C. 后角
37. 选择刃倾角时应当考虑（　　）因素的影响。
    A. 工件材料　　　B. 刀具材料　　　C. 加工性质
38. 车刀的副偏角，对工件的（　　）有影响。
    A. 尺寸精度　　　B. 形状精度　　　C. 表面粗糙度
39. 偏刀一般是指主偏角（　　）90°的车刀。
    A. 大于　　　　　B. 等于　　　　　C. 小于
40. 精车刀修光刃的长度应（　　）进给量。
    A. 大于　　　　　B. 等于　　　　　C. 小于
41. 车刀刀尖高于工件轴线，车外圆时工件会产生（　　）。
    A. 加工表面母线不直
    B. 产生圆度误差
    C. 加工表面粗糙度值大
42. 为了增加刀头强度，断续粗车时采用（　　）值的刃倾角。
    A. 正　　　　　　B. 零　　　　　　C. 负
43. 同轴度要求较高，工序较多的长轴用（　　）装夹较合适。
    A. 四爪单动卡盘　B. 三爪自定心卡盘　C. 两顶尖
44. 用卡盘夹悬臂较长的轴，容易产生（　　）误差。
    A. 圆度　　　　　B. 圆柱度　　　　C. 母线直线度
45. 用一夹一顶装夹工件时，若后顶尖轴线不在车床主轴轴线上，会产生（　　）。
    A. 振动　　　　　B. 锥度　　　　　C. 表面粗糙度达不到要求
46. 由外圆向中心横向进给车端面时，切削速度是（　　）。
    A. 不变　　　　　B. 由高到低　　　C. 由低到高
47. 台阶的长度尺寸不可以用（　　）来测量。
    A. 钢直尺　　　B. 三用游标卡尺　C. 千分尺　　　D. 深度游标卡尺
48. 主切削刃上的负倒棱其宽度是进给量的（　　）倍。
    A. 1.2～1.5　　　B. 0.8～1.0　　　C. 0.5～0.8
49. 对高精度的轴类工件一般是以（　　）定位车削的。
    A. 外圆　　　　　B. 中心孔　　　　C. 外圆与端面
50. 钻中心孔时，如果（　　）就不易使中心钻折断。
    A. 主轴转速较高　B. 工件端面不平　C. 进给量较大
51. 精度要求较高，工序较多的轴类零件，中心孔应选用（　　）型。
    A. A　　　　　　B. B　　　　　　C. C
52. 中心孔在各工序中（　　）。
    A. 能重复使用，其定位精度不变
    B. 不能重复使用
    C. 能重复使用，但其定位精度发生变化
53. 车外圆时，切削速度计算式中的直径 D 是指（　　）直径。
    A. 待加工表面　　B. 加工表面　　　C. 已加工表面

54. 切削用量中（　）对刀具磨损影响最大。
    A. 切削速度　　　B. 背吃刀量　　　C. 进给量
55. 粗车时为了提高生产率,选用切削用量时,应首先取较大的（　）。
    A. 切削速度　　　B. 背吃刀量　　　C. 进给量
56. 切削脆性金属产生（　）切屑。
    A. 带状　　　　　B. 挤裂　　　　　C. 崩碎
57. 用高速钢刀具车削时,应降低（　）,保持车刀的锋利,减少表面粗糙度值。
    A. 切削速度　　　B. 进给量　　　　C. 背吃刀量
58. 用硬合金车刀精车时,为减小工件表面粗糙度值,应尽量提高（　）。
    A. 切削速度　　　B. 进给量　　　　C. 背吃刀量
59. 直柄麻花钻的直径一般小于（　）mm。
    A. 12　　　　　　B. 14　　　　　　C. 15
60. 麻花钻的顶角增大时,前角（　）。
    A. 减小　　　　　B. 不变　　　　　C. 增大
61. 麻花钻横刃太长,钻削时会使（　）增大。
    A. 主切削力　　　B. 轴向力　　　　C. 径向力
62. 钻孔时的背吃刀量是（　）。
    A. 钻孔的深度　　B. 钻头直径　　　C. 钻头直径的一半
63. 钻孔的公差等级一般可达（　）级。
    A. IT7～9　　　　B. IT11～12　　　C. IT13～15
64. 套类工件的车削要比车削轴类难,主要原因由很多,其中之一是（　）。
    A. 套类工件装夹时容易产生变形
    B. 车削位置精度高
    C. 其切削用量比车轴类高
65. 通常把带（　）的零件作为锥套类零件。
    A. 圆柱孔　　　　B. 孔　　　　　　C. 圆锥孔
66. 用软卡爪装夹工件时,软卡爪没有车好,可能会出现（　）。
    A. 内孔有锥度
    B. 内孔表面粗糙度值大
    C. 同轴度垂直度超差
67. 车削同轴度要求较高的套类工件时,可采用（　）。
    A. 台阶式心轴　　B. 小锥度心轴　　C. 软卡爪
68. 悬臂式胀力心轴适用于车削（　）的套类工件。
    A. 公差较小　　　B. 较长　　　　　C. 较短
69. 在装夹不通孔车刀时,刀尖（　）,否则车刀容易折碎。
    A. 应高于工件旋转中心
    B. 与工件旋转中心等高
    C. 应低于工件旋转中心
70. 为了保证孔的尺寸精度,铰刀尺寸做好选择在被加工孔公差带（　）左右。
    A. 上面1/3　　　B. 下面1/3　　　C. 中间1/3　　　D. 1/3

71. 铰刀的柄部是用来装夹和（　　）用的。
    A. 传递转矩　　B. 传递功率　　C. 传递速度
72. 手用与机用铰刀相比,其铰削质量（　　）。
    A. 好　　B. 差　　C. 一样
73. 一般情况下留半精车余量为（　　）mm。
    A. 1～3　　B. 2～3　　C. 4～5
74. 一般情况下留精车余量为（　　）mm。
    A. 0.1～0.5　　B. 1～1.5　　C. 1.5～2
75. 内沟槽的作用有退刀槽、空刀槽、密封槽和（　　）等几种。
    A. 油、气通道槽　　B. 排屑槽　　C. 通气槽
76. 铰刀铰孔的精度一般可达到（　　）。
    A. IT7～9　　B. IT11～12　　C. IT4～5
77. 铰孔不能修正孔的（　　）度误差。
    A. 圆　　B. 圆柱　　C. 直线
78. 车孔的公差等级可达（　　）。
    A. IT7～8　　B. IT8～9　　C. IT9～10
79. 在车床上钻孔时,钻出的孔径偏大的主要原因是钻头的（　　）。
    A. 后角太大　　B. 两主切削刃长度不等　　C. 横刃太长
80. 钻孔时,为了减小轴向力,应对麻花钻的（　　）进行修磨。
    A. 主切削刃　　B. 棱边　　C. 横刃
81. 普通麻花钻的横刃斜角由（　　）的大小决定。
    A. 前角　　B. 后角　　C. 顶角
82. 用麻花钻扩孔时,为了避免钻头扎刀,可把（　　）。
    A. 外缘处的前角磨大
    B. 横刃处的前角磨大
    C. 外缘处的前角磨小
83. 高速钢铰刀的铰孔余量一般是（　　）mm。
    A. 0.2～0.4 mm　　B. 0.08～0.12 mm　　C. 0.15～0.20 mm
84. 硬质合金铰刀的铰孔余量一般是（　　）mm。
    A. 0.2～0.4 mm　　B. 1.5～2.0 mm　　C. 0.15～0.20 mm
85. 正确阐述职业道德与人的事业的关系的选项是（　　）。
    A. 没有职业道德的人不会获得成功
    B. 要取得事业的成功,前提条件是要有职业道德
    C. 职业道德是获得事业成功的重要条件
86. 下列关于诚信的表述,不恰当的一项是（　　）。
    A. 诚信是市场经济的基础
    B. 商品交换的目的就是诚实守信
    C. 重合同就是守信用
87. 企业创新要求员工努力做到（　　）。
    A. 不能墨守成规,但也不能标新立异

B. 激发人的灵感,遏制冲动和情感

C. 大胆试,大胆闯,敢于提出新问题

88. 违反安全操作规程的是(　　)。

　　A. 行国家劳动保护政策

　　B. 可使用不熟悉的机床和工具

　　C. 遵守安全操作规程

89. 保持工作环境清洁有序不正确的是(　　)。

　　A. 整洁的工作环境可以振奋职工精神

　　B. 优化工作环境

　　C. 工作结束后再清除油污

90. 使工件在夹具占有预期确定位置的动作过程,称为工件在夹具中的(　　)。

　　A. 定位　　　　　B. 夹紧　　　　　C. 装夹

二、判断题

1. 右螺纹车刀左侧的刃磨后角应为(3°～5°),右侧的刃磨后角为(3°～5°)。　　(　　)

2. 梯形内螺纹小径的下偏差为正值,梯形外螺纹大径的上偏差为零。　　(　　)

3. 在花盘上加工工件时,花盘平面只允许凹,一般在 0.02 mm 以内。　　(　　)

4. 调整中滑板丝杠与螺母之间的间隙实际上是通过增大两螺母之间的切向距离而实现的。　　(　　)

5. CA6140 型车床与 C620 型车床相比,CA6140 型车床具有下列特点进给箱变速杆强度差。　　(　　)

6. 精车轴向直廓蜗杆装刀时,必须将车刀两侧切削刃组成的平面装在(水平)位置上,并且与蜗杆轴线在同一水平面内。　　(　　)

7. 在花盘角铁上加工工件时,转速不宜太高,否则会因离心力的影响,使工件飞出,发生事故。　　(　　)

8. 立式车床适于加工形状复杂零件。　　(　　)

9. 使用跟刀架时,跟刀架要固定在大拖板上,来抵消车削时的径向切削力。　　(　　)

10. 在双重卡盘上车偏心工件的方法是,在四爪卡盘上装一个三爪卡盘,并偏移一个偏心距。　　(　　)

11. 加工细长轴时,使用弹性顶尖,可以抵消工件热变形伸长。　　(　　)

12. 工件在装夹中,由于设计基准和定位基准不重合而产生的加工误差,称为基准不重合误差。　　(　　)

13. 属于基本时间范围的是领取和熟悉产品图样时间。　　(　　)

14. 机动时间分别与切削用量及加工余量成正比。　　(　　)

15. 只有在定位基准和定位元件精度很高时,重复定位才允许采用。　　(　　)

16. 加工长轴,一端用卡盘夹得较长,另一端用中心架装夹时,共限制了五个自由度,属于重复定位。　　(　　)

17. 在用大平面定位时,把定位平面做成中凹以提高工件定位的稳定性。　　(　　)

18. 轴在长 V 形铁上定位时,限制了四个自由度,属于部分定位。　　(　　)

19. 磨削时,工作者应站在砂轮的前面。　　(　　)

20. 手提式酸碱灭火器适于扑救油脂类石油产品。　　(　　)

21. CA6140车床的尾座锥孔为莫氏6号。（ ）
22. 轴在长V形铁上定位时,限制了四个自由度,属于部分定位。（ ）
23. 平头支承钉适用于已加工平面的定位,球面支承钉适用于(未加工过的侧平面)平面定位。（ ）
24. C刃磨螺纹车刀时,车刀左侧后角大于工作后角,右侧后角小于工作后角。（ ）
25. 车左旋螺纹时,左侧刃磨后角应小于工作后角,右侧刃磨后角应大于工作后角。（ ）
26. 起吊重物时,不允许的操作是起吊前安全检查。（ ）
27. 文明生产应该短切屑可用手清除。（ ）
28. 磨削加工精度高,尺寸精度可达IT4。（ ）
29. M1432A型外圆磨床上的砂轮架是用来(装夹)砂轮主轴的。（ ）
30. 端铣和周铣相比较,正确的说法是周铣生产率较高。（ ）
31. 花键孔适宜于在牛头刨床加工。（ ）
32. 用1∶2的比例画30°斜角的楔块时,应将该角画成30°。（ ）
33. 物体三视图的投影规律是：主俯视图长对正。（ ）
34. 生产准备是指生产的技术准备工作。（ ）
35. 生产计划是企业调配劳动力的依据。（ ）
36. 假想用剖切面剖开机件,将处在观察者和剖切面之间的部分移去,而将其余部分向投影面投影所得到的图形,称为剖视图。（ ）
37. 外螺纹的规定画法是牙顶(大径)及螺纹终止线用粗实线表示。（ ）
38. 退刀槽和越程槽的尺寸标注可标注成槽宽×槽深。（ ）
39. 所谓投影面的垂直线,是指直线与一个投影面垂直,与另外两个投影面的关系可以不必考虑。（ ）
40. 采用定程法进行加工时,由于影响加工精度的因素较多,所以应经常抽验工件并及时进行调整,防止成批报废工件。（ ）
41. 尺寸链的计算方法有概率法和极大极小法。（ ）
43. 螺纹车刀纵向前角对螺纹牙形角没有影响。（ ）
44. 用齿轮卡尺测量蜗杆的法向齿厚时,应把齿高卡尺的读数调整到全齿高尺寸。（ ）
45. 车多线螺纹时,应把各条螺旋槽先粗车好后,再精车。（ ）
46. 切深抗力是产生振动的主要因素。（ ）
47. 切削强度和硬度较高的材料,切削温度较高。（ ）
48. 粗车时,选择切削用量从大到小的顺序是：a_p、f、v_c。（ ）
49. 磨削工件时采用切削液的作用是将磨屑和脱落的磨粒冲走。（ ）
50. 机床夹具按其通用化程度一般可分为通用夹具,专用夹具,成组可调夹具和组合夹具等。（ ）
51. 工件常见定位方法有平面定位、圆柱孔定位、两孔一面定位和圆柱面定位等。（ ）
52. 当两曲柄臂间距不大时,可用螺栓支承来提高曲轴加工刚度。（ ）
53. 使用切削液可减小细长轴热变形伸长。（ ）
54. CA6140型卧式车床反转时的转速低于正转时的转速。（ ）
55. 主轴的正转、反转是由变向机构控制的。（ ）

56. 互锁机构的作用是防止纵、横进给同时接通。（　）
57. 立式车床在结构上的主要特点是主轴垂直布置。（　）
58. 吊运重物不得从任何人头顶通过，吊臂下严禁站人。（　）
59. 镗床特别适宜加工孔距精度和相对位置精度要求很高的孔系。（　）
60. 零件加工精度，包括尺寸精度，几何形状精度及相互位置精度。（　）
61. 定位是使工件被加工表面处于正确的加工位置。（　）
62. 沿着螺旋线形成具有相同剖面的连续凸起和沟槽称为螺纹。（　）
63. M24×2 的螺纹升角比 M24 的螺纹升角大。（　）
64. 一般蜗杆根据其齿形可分为法向直廓蜗杆和轴向直廓蜗杆。（　）
65. 车多线螺纹应按螺距判断是否乱扣。（　）
66. 钨钴类硬质合金与钨钴钛类硬质合金相比，因其韧性、磨削性能和导热好，主要用于加工脆性材料，有色金属和非金属。（　）
67. 切削脆性金属时，切削速度改变切削力也跟着变化。（　）
68. 影响已加工表面粗糙度的因素是残留面积，积屑瘤，鳞刺和振动波纹。（　）
69. 麻花钻的前角外小里大，其变化范围为 $-30°\sim +30°$。（　）
70. 形位公差要求高的工件，在用花盘加工前，要先把花盘平面精车一刀。（　）

3　铣床测试题

一、选择题

1. 通常使用的卡尺属于（　　）。
    A. 标准量具　　B. 专用量具　　C. 万能量具　　D. 普通量具
2. （　　）只能是正值。
    A. 误差　　　　B. 实际偏差　　C. 基本偏差　　D. 公差
3. 机械效率值永远（　　）。
    A. 是负数　　　B. 等于零　　　C. 小于1　　　D. 大于1
4. 国标规定对于一定的基本尺寸，标准公差值随公差等级数字增大而（　　）。
    A. 缩小　　　　B. 增大　　　　C. 不变　　　　D. 不确定
5. 齿轮传动的最大特点，传动比是（　　）。
    A. 恒定的　　　B. 常数1　　　 C. 变化的　　　D. 可调节的
6. 铣削螺旋线头数为4的螺旋槽时，当铣完一条槽后，要脱开工件和纵向丝杠之间的传动链，使工件转（　　）转，再铣下一条槽。
    A. 8　　　　　 B. 4　　　　　 C. 1　　　　　 D. 1/4
7. 用周铣方法加工平面，其平面度的好坏，主要取决于铣刀的（　　）。
    A. 圆度　　　　B. 圆柱度　　　C. 垂直度　　　D. 直线度
8. 端面铣削，在铣削用量选择上，可采用（　　）。
    A. 较高铣削速度，较大进给量
    B. 较低铣削速度，较大进给量

C. 较高铣削速度,较小进给量

D. 较低铣削速度,较小进给量

9. X6132型铣床的工作台最大回转角度是（　　）。
   A. 45°　　B. 30°　　C. ±45°　　D. ±30°

10. 为保证铣削阶台,直角沟槽的加工精度,必须校正工作台的"零位",也就是校正工作台纵向进给方向与主轴轴线的（　　）。
    A. 平行度　　B. 对称度　　C. 平面度　　D. 垂直度

11. 工件在装夹时,必须使余量层（　　）钳口。
    A. 稍低于　　B. 等于　　C. 稍高于　　D. 大量高出

12. 用立铣刀铣圆柱凸轮,当铣刀直径小于滚子直径时,铣刀中心必须偏移,偏移量 e_x, e_y 应按（　　）进行计算。
    A. 螺旋角　　　　　　　　B. 平均螺旋升角
    C. 槽底所在圆柱螺旋升角　　D. 外圆柱螺旋升角

13. 在立式铣床上,将螺旋齿离合器的底槽加工后,用立铣刀铣削螺旋面时,应将工件转（　　）,使将要被铣去的槽侧面处于垂直位置。
    A. 90°　　B. 180°　　C. 270°　　D. 360°

14. 凸轮铣削时退刀或进刀,最好在铣刀（　　）时进行。
    A. 正转　　B. 反转　　C. 静止　　D. 切削

15. 用分度头铣削圆盘凸轮,当工件和立铣刀的轴线都和工作台面相垂直时的铣削方法称为（　　）。
    A. 垂直铣削法　　B. 倾斜铣削法　　C. 靠模铣削法　　D. 凸轮铣削法

16. 轴类零件用双中心孔定位,能消除（　　）个自由度。
    A. 3　　B. 4　　C. 5　　D. 6

17. 切削用量中,对切削刀具磨损影响最大的是（　　）。
    A. 工件硬度　　B. 切削深度　　C. 进给量　　D. 切削速度

18. 顺铣时,工作台纵向丝杠的螺纹与螺母之间的间隙及丝杠两端轴承的轴向间隙之和应调整在（　　）。
    A. 0～0.02　　B. 0.04～0.08　　C. 0.1～0.2　　D. 0.3～0.5

19. 在立式铣床上铣削曲线外形,当工件的轮廓线既不是直线又不是圆弧,且精度要求不高,数量又少时,通常采用（　　）方法来铣削。
    A. 靠模铣削　　　　　　　　B. 圆转台铣削
    C. 按划线用手动进给铣削　　D. 逆铣

20. 由球面加工方法可知,铣刀回转轴线与球面工件轴心线的交角 β 确定球面的（　　）。
    A. 形状　　B. 加工位置　　C. 尺寸　　D. 粗糙度

21. 任何一个未被约束的物体,在空间都具有进行（　　）种运动的可能性。
    A. 3　　B. 4　　C. 5　　D. 6

22. 能够改善材料的加工性能的措施是（　　）。
    A. 增大刀具前角　　B. 适当的热处理　　C. 减小切削用量　　D. 减小主轴转速

23. 铣一圆柱矩形螺旋槽凸轮,当导程是 Pz 时,外圆柱表面的螺旋角为30°,则螺旋槽槽底所在圆柱表面的螺旋角为（　　）。
　　A. 0° B. <30° C. >30° D. 30°

24. 用综合检验方法检验一对离合器接合齿数时，一般要求接触齿数不少于整个齿数的（　　）。
　　A. 1/2 B. 1/3 C. 1/4 D. 3/4

25. 圆锥齿轮的节锥母线与外锥母线间的夹角叫（　　）。
　　A. 节锥角 B. 顶锥角 C. 齿顶角 D. 顶锥角

26. 等速圆盘凸轮的工作曲线三要素是（　　）。
　　A. 升高量、升高率、导程　　B. 升高量、导程、基圆半径
　　C. 升高量、升高率、基圆半径　　D. 升高率、导程、基圆半径

27. 一圆盘凸轮圆周按角度等分，其中工作曲线占 300 格，非工作曲线占 60 格，升高量 $H=40$ mm，其导程 $P_z=$（　　）。
　　A. 180 B. 33.33 C. 11.25 D. 48

28. 铣削等速凸轮时，由于（　　），会引起工件的表面粗糙度达不到要求。
　　A. 铣刀直径选择不当
　　B. 工件装夹不稳固
　　C. 铣刀偏移中心切削，偏移量计算错误
　　D. 分度头和立铣头相对位置不正确

29. 铣削等速凸轮时，由于（　　），会引起工件工作形面形状误差大。
　　A. 铣刀不锋利 B. 工件装夹不稳固
　　C. 分度头和立铣头相对位置不正确 D. 铣刀直径选择不当

30. 对于（　　）凸轮，可将百分表测头对准工件中心进行测量，检测时，可同时测出凸轮曲线所占中心角 α 和升高量 H，通过计算得出凸轮的实际导程值。
　　A. 偏置直动圆盘 B. 对心直动圆盘 C. 圆柱端面 D. 圆柱螺旋

31. 生产班组的中心任务，是在不断地提高技术理论水平和实际操作技能的基础上，以（　　）为中心，全面完成工厂、车间和工段的生产任务和各项经济技术指标。
　　A. 提高工作效率 B. 提高经济效益 C. 保证质量 D. 完成任务

32. 提高衡量产品质量的尺度，不仅以是否符合国家或上级规定的质量标准来衡量，更要以（　　）来衡量，不仅要衡量产品本身的质量，还要衡量服务质量。
　　A. 设计标准 B. 图样标准
　　C. 满足用户需要的程度 D. 国际的质量标准

33. 在 800 ℃ 以上高温切削时，空气中的氧与硬质合金中的碳化钨、碳化钛发生氧化作用而生成氧化物，使刀具材料因（　　）显著降低而被切屑、工件带走，造成刀具的磨损。
　　A. 强度 B. 硬度 C. 弹性 D. 塑性

34. （　　）磨损对加工质量影响较大，而且容易测量，所以常用它的磨损平均值来规定刀具的磨损限度。
　　A. 前刀面 B. 后刀面 C. 前后刀面同时 D. 刀尖

35. 铲齿铣刀使用万能工具磨床刃磨前刀面。刃磨时，应保持切削刃形状不变，并保证（　　）符合技术要求。
　　A. 主偏角 B. 副偏角 C. 前角 D. 后角

36. 夹具的定位元件、对刀元件、刀具引导装置、分度机构、夹具体的加工与装配所造成的误差,将直接影响工件的加工精度。为保证零件的加工精度,一般将夹具的制造公差定为相应尺寸公差的( )。

   A. 1/2　　　B. 1/3　　　C. 1/3~1/5　　　D. 1/4

37. 组合夹具是由一些预先制造好的不同形状,不同规格尺寸的标准元件和组合件组合而成的。这些元件相互配合部分尺寸精度高,耐磨性好,且具有一定的硬度和( )。

   A. 耐腐蚀性　　B. 较好的互换性　　C. 完全互换性　　D. 好的冲击韧性

38. 铣削( )齿离合器时,一般采用刚性较好的三面刃盘铣刀,为了不切到相邻齿,铣刀的宽度应当等于或小于齿槽的最小宽度。

   A. 矩形偶数　　B. 矩形奇数　　C. 梯形等高　　D. 梯形收缩

39. 铣削( )离合器常采用对称双角铣刀。双角铣刀的角度 θ 要与离合器的槽形角 e 相吻合。即 $\theta = e$。

   A. 梯形等高齿　　B. 梯形收缩齿　　C. 尖形齿　　D. 锯形齿

40. 梯形收缩齿离合器,对刀常采用试切法,通过刻度盘读数的差值确定铣刀齿顶离槽底的距离 X,并根据 X 值计算出( )距离 e。

   A. 工作台横向偏移的　　　　B. 工作台纵向偏移的
   C. 工作台垂直移动的　　　　D. 刀具偏移的

41. ( )离合器的齿形,实际上就是把尖齿离合器的齿顶和槽底分别用平行于齿顶线和槽底线的平面截去了一部分,则齿顶和槽底面在齿长方向上都是等宽的,所以其计算及铣削方法与尖齿离合器基本相同。

   A. 梯形等高齿　　B. 梯形收缩齿　　C. 锯形齿　　D. 单向螺旋齿

42. 铣削( )离合器对刀时,先按照铣梯形收缩齿离合器的方法使铣刀廓形对称线通过工件轴心,然后横向移动工作台一段距离 e。

   A. 梯形等高齿　　B. 梯形收缩齿　　C. 尖形齿　　D. 矩形齿

43. 铣削梯形等高齿离合器时,对于图样上要求齿槽角 α 大于齿面角 β,齿侧有啮合间隙时,齿槽铣完后,采用偏转角度法将工件偏转( )角度,铣削出齿侧间隙。

   A. 3　　　B. 5　　　C. 2　　　D. 1/2

44. 采用( )球面时,如采用主轴倾斜法,则需紧固横向工作台、升降台,将纵向工作台移动一段距离后,进行周进给,转动工件一周即可完成球面的加工。

   A. 立铣刀铣削外　　B. 立铣刀铣削内　　C. 盘铣刀铣削外　　D. 镗铣刀铣削内

45. 铣削螺旋齿离合器时,除了要进行分度外,还要配挂交换齿轮,使工件( ),只有使两个运动密切配合,才能铣出符合图样要求的螺旋齿离合器。

   A. 先进给,后旋转　　　　B. 先旋转,后进给
   C. 一面进给,一面旋转　　D. 只是进给

46. 梯形离合器齿侧工作面表面粗糙度达不到要求的原因是:铣刀钝或刀具跳动、( )、装夹不稳固、传动系统间隙过大及未冲注切削液。

   A. 对刀不准　　B. 进给量太大　　C. 工件装夹不同轴　　D. 齿槽角铣得太小

47. 一对螺旋齿离合器,由于铣削时偏移距计算或调整的错误,会引起接合后( )。

   A. 贴合面积不够　　　　B. 接触齿数太少或不嵌入
   C. 齿侧不贴合　　　　　D. 底槽未接平,有明显凸台

48. 一对锯形齿离合器接合后齿侧不贴合的主要原因是（   ）。
    A. 对刀不准   B. 分度头仰角计算式调整错误
    C. 工件装夹不同轴   D. 齿槽角铣得太小
49. 铣削直齿锥齿轮齿侧余量时，当齿槽中部铣削好后，若采用分度头在水平面内偏一个角度 α 和偏移工作台相结合的方法，是靠通过分度头底座在水平面内旋转一个角度 α。tgα≈m/4R，同时适当移动横向工作台，先铣去一侧余量。式中 R 为（   ）。
    A. 锥距   B. 齿距   C. 大端半径   D. 小端半径
50. 铣直齿锥齿轮时，（   ）会引起工件齿圈径向圆跳动超差。
    A. 铣削时分度头主轴未紧固   B. 齿坯外径与内径同轴度差
    C. 分度不准确   D. 操作时对刀不准确
51. 精铣曲线外形各处余量时，直线部分可用一个方向进给，曲线部分应同时操作纵向和横向进给手柄，铣刀转速要高，进给速度要（   ），精铣要进行修整，使铣出的曲线外形圆滑。
    A. 快   B. 慢   C. 均匀   D. 慢且均匀
52. 用（   ）球面时，铣刀直径的确定方法是，先计算出铣刀的最大、最小直径，然后选取标准铣刀，并尽量往大选。
    A. 立铣刀铣削内   B. 立铣刀铣削外   C. 盘铣刀铣削外   D. 镗刀铣削内
53. 采用（   ）法铣削等速圆盘凸轮时，应采用逆铣方式，所以必须使工件的旋转方向与铣刀的旋转方向相同。
    A. 分度头挂轮   B. 倾斜   C. 垂直   D. 靠模
54. 在铣削（   ）凸轮时，如果铣刀直径小于滚子直径，为避免出现喇叭口等毛病，必须将铣刀中心向左（右）偏移一定距离。
    A. 圆柱螺旋槽   B. 圆柱端面   C. 等速圆盘   D. 非等速圆盘
55. 铣削等速轮时，如铣刀不锋利，铣刀太长，刚性差，会引起工件的（   ）。
    A. 表面粗糙度达不到要求   B. 升高量不正确
    C. 工作形面形状误差大   D. 导程不准确
56. 采用垂直进给铣削直齿锥齿轮，首先应安装并找正分度头，使分度头主轴轴线与铣刀刀杆垂直，并将分度头主轴扳起一个仰角 α，$\delta_f = 90°$，再按 $n = 40/Z$ 来进行分度。δ_f 是（   ）。
    A. 锥角   B. 顶锥角   C. 根锥角   D. 背锥角
57. 铣削等速凸轮时，分度头和立铣头相对位置不正确，会引起工件（   ）。
    A. 升高量不正确   B. 工作形面形状误差大
    C. 表面粗糙度达不到要求   D. 导程不准确
58. 对于偏置直动凸轮，应将百分表测头放在（   ）进行测量。检测时，可同时测出凸轮曲线所占中心角和升高量 H，通过计算得出凸轮的实际导程值。
    A. 偏距为 e 处的位置上   B. 中心
    C. 某一基准部位   D. 靠近工件外圆处
59. 对于圆盘凸轮工作形面形状精度的检测。因为凸轮形面母线与工件轴线平行，所以只需测量母线的（   ），就可以判断其形面的形状精度。
    A. 直线度   B. 圆跳动度   C. 全跳动度   D. 对轴线的平行度

60. 在铣床上用盘形铣刀铣削锥齿轮时,一般只需测量齿轮的( )即可。
    A. 齿长　　　　B. 齿宽　　　　C. 齿厚　　　　D. 节距
61. 齿轮是机器中应用最广泛的传动零件之一,这种传动零件是( )使用的。
    A.　　　　　　B.　　　　　　C.　　　　　　D.
62. 铣削齿轮时,切削深度应根据被加工齿轮的全齿高及( )进行调整。
    A. 齿距　　　　B. 齿厚　　　　C. 齿宽　　　　D. 齿长
63. 对模数较大的齿轮应分粗、精铣两步铣削,精铣时的切削深度按粗铣后的轮齿( )进行调整。
    A. 齿距　　　　B. 齿厚　　　　C. 齿宽　　　　D. 齿长
64. 铣削凸轮时,应根据凸轮从动件滚子直径选择( )的直径,否则凸轮的工作曲线将会产生一定的误差。
    A. 立铣刀　　　B. 键槽铣刀　　C. 双角铣刀　　D. 三面刃铣刀
65. 组合夹具是由一套预先制造好的( )元件和部件根据要求组装成的专用夹具。
    A. 标准　　　　B. 成形　　　　C. 系列化　　　D. 成套
66. 气动夹紧装置夹紧力的大小可以通过( )改变压缩空气的压力大小来调节。
    A. 气压附件　　B. 气缸　　　　C. 辅助装置　　D. 气压管路
67. 连续切削的精加工及半精加工刀具常用( )制造。
    A. 陶瓷材料　　B. 热压氮化硅　C. 立方氮化硼　D. 金刚石
68. 合理的( )是在保证加工质量和铣刀寿命的条件下确定的。
    A. 铣削速度　　B. 进给量　　　C. 铣削宽度　　D. 铣削深度
69. 加工窄的沟槽时,在沟槽的结构形状合适的情况下,应采用( )加工。
    A. 端铣刀　　　B. 立铣刀　　　C. 盘形铣刀　　D. 成形铣刀
70. 加工各种工具、夹具和模具等小型复杂的零件时应采用( )铣床,其操作灵活方便。
    A. 万能工具　　B. 半自动平面仿形　C. 卧式升降台　D. 立式升降台

二、判断题

1. 点的投影永远是点,线的投影永远是线。　　　　　　　　　　　　　( )
2. 主视图反映出物体的上、下、左、右位置关系,俯视图反映出物体的上、下、前、后关系。　　　　　　　　　　　　　　　　　　　　　　　　　　　　( )
3. 对零部件有关尺寸规定的允许变动范围,叫作该尺寸的尺寸公差。　　( )
4. 铣床主轴的转速越高,则铣削速度越大。　　　　　　　　　　　　　( )
5. 装夹工件时,为了不使工件产生位移,夹(或压)紧力应尽量大,越大越好,越平。
　　　　　　　　　　　　　　　　　　　　　　　　　　　　　　　　　( )
6. 成形铣刀为了保证刃磨后齿形不变,一般都采用尖齿结构。　　　　　( )
7. 机械是机器和机构的总称。　　　　　　　　　　　　　　　　　　　( )
8. 热处理测定硬度除了常用的洛氏、布氏硬度,还有维氏和肖氏硬度。　( )
9. 选择较大和平直的面,作为放置基准以保证划线时放置安全、平稳。　( )
10. 在万能卧铣上铣螺旋槽时,工作台需扳转角度,而立式铣床工作台不能扳转角度,所以在立铣上不能铣削螺旋槽。　　　　　　　　　　　　　　　　　　( )

11. 测量标准直齿圆柱齿轮的分度圆弦齿厚时,齿轮卡尺的足尖应落在分度圆上。
（ ）
12. 铣平行面时,粗铣一刀后,发现两端尺寸有厚薄,则应把尺寸薄的一端垫高一些。
（ ）
13. 用键槽铣刀和立铣刀铣削封闭式沟槽时,均不需事先钻好落刀孔。（ ）
14. 划线借料可以使不合格的毛坯得到补救,加工后的零件仍能符合要求。（ ）
15. 若要求工作台移动一个正确的尺寸,则在铣床上,这个尺寸的正确性是依靠丝杠的精度和刻度盘来保证的。（ ）
16. 铣刀的切削速度方向与工件的进给方向相同时,称为顺铣。（ ）
17. 顺铣加工其特点,铣削平稳,刀刃耐用度高,工件表面质量也较好,但消耗在进给方向的功率较大。（ ）
18. 表面粗糙度 Ra 评定参数值越大,则零件表面的光滑程度越高。（ ）
19. 链传动能在低速、重载和高温条件下及尘土飞扬的不良环境下工作,且能保证准确的平均传动比。（ ）
20. 含碳量≤0.25%的钢,通常称为低碳钢,如:Q235 和 Q255,都属低碳钢。（ ）
21. 定位尺寸就是确定图形中线段间相对位置的尺寸。（ ）
22. 圆柱截割后产生的截交线,不会因截平面与圆柱线的相对位置不同而有所不同。
（ ）
23. 切削热来源于切削过程中变形与摩擦所消耗的功。（ ）
24. 金属材料依次经过切离、挤裂、滑移(塑性变形)、挤压(弹性变形)等四个阶段而形成了切屑。（ ）
25. 在立式铣床上铣曲线外形,立铣刀的直径应大于工件上最小凹圆弧的直径。
（ ）
26. 铸件毛坯的形状与零件尺寸较接近,可节省金属的消耗,减少切削加工工作量。
（ ）
27. 采用宽卡爪或在工件与卡爪之间衬一开口圆形衬套可减小夹紧变形。（ ）
28. 生产技术准备周期是从生产技术工作开始到结束为止所经历的总时间。（ ）
29. 工艺系统是由机床、夹具、刀具和工件组成。（ ）
30. 表面粗糙度 Ra 评定参数值越大,则零件表面的光滑程度越高。（ ）
31. 长锥孔一般采用锥度的轴定位,可消除 5 个自由度,所以说锥孔定位具有很高的定心度。（ ）
32. X6132 型铣床的纵、横和垂直三个方向的进给运动都是互锁的。（ ）
33. 铣削锥齿轮与铣削圆柱齿轮一样,都按齿轮的实际齿数选择刀具号。（ ）
34. 用单角铣刀铣削锯齿形离合器,对刀时应使刀具的端面侧刃通过工件轴心。
（ ）
35. 铣削奇数齿尖齿离合器与铣削奇数齿矩形齿离合器一样,每次进给能同时铣出两个齿的齿槽。（ ）
36. 用三面刃铣刀铣削矩形齿离合器时,刀具宽度不应太小,否则会增加进刀次数。
（ ）
37. 直线部分应看作半径无限大的圆弧面,因而无论与凹圆弧或凸圆弧相连接,均应先

铣直线部分。 ( )

38. 一般锥齿轮铣刀的齿形曲线按小端齿形设计,铣刀的厚度按大端齿槽宽度设计。
( )

39. 铣削圆弧面时,工件上被铣圆弧的中心必须与铣床主轴同轴,而与圆转台的中心同轴度没有关系。 ( )

40. 采用倾斜铣削法,为使铣刀轴线与分度头轴线平行,立铣头转动角 β 与分度头主轴的仰角 α 应互为余角,即 $\alpha + \beta = 90°$。 ( )

41. 铣平行面时,粗铣一刀后,发现两端尺寸有厚薄,则应把尺寸薄的一端垫高一些。
( )

42. 用靠模铣削特形面时,靠模头与铣刀的距离和靠模与工件的距离相同。 ( )

43. 用倾斜法铣圆盘凸轮,挂轮导程应大于凸轮导程。 ( )

44. 偏铣锥齿轮时,齿槽两侧所铣去的余量应相等。 ( )

45. 采用分度头主轴挂轮法铣削小导程圆柱凸轮时,一般应摇动分度手柄进行铣削,也可用工作台机动进给。 ( )

46. 一般在没有加工尺寸要求及位置精度要求的方向上,允许工件存在自由度,所以在此方向上可以不进行定位。 ( )

47. 设备的一级保养以操作者为主,维修人员配合。 ( )

48. 当按"停止"按钮时,主轴不能立即停止或产生反转现象,应及时请机修工修理调整。 ( )

49. 合金工具钢是在碳素工具钢中加入适量的合金元素,如锰(Mn)、铬(Cr)、钨(W)、硅(Si)等,常用的牌号有 9SiCr、Gcr15、W18Cr4V、W12Cr4V4Mo 等。合金工具钢常用于制造低速手用刀具。 ( )

50. 铰孔是对孔的精加工工序,它可以修正粗加工孔的尺寸、形状及位置误差,改善孔的表面粗糙度。 ( )

51. 根据加工精度选择砂轮时,粗磨应选用软的、粒度号小的砂轮,精磨应选用硬的、粒度号大的砂轮。 ( )

52. 在调整 X6132 型铣床主轴轴承间隙时,径向间隙和轴向间隙不是同时进行调整的。
( )

53. 铰孔过程中,在铰刀退出工件时不能停车,要等铰刀退离工件后再停车,铰刀不能倒转。 ( )

54. 空车机动进给的试验方法是:松开各锁紧机构手柄,作空车机动进给,观察其运动情况。 ( )

55. 铣削螺旋齿离合器时,除了要进行分度外,还要配挂交换齿轮,使工件一面进给一面旋转,只有使两个动作密切配合才能铣削出符合图样要求的螺旋齿离合器。 ( )

56. 在调整转速或进给量时,若出现手柄扳不动或推不进时,这是微动开关失灵的缘故。若在扳动手柄的过程中发现齿轮有严重打击声,则是齿轮装配位置不准确的缘故。
( )

57. X5032 型铣床纵向、横向和垂直机动进给运动是由两个操纵手柄控制的,它们之间的运动是互锁的。 ( )

58. 在铣床上铣削平面的方法有两种,即用端铣刀做端面铣削和用圆柱铣刀作周边铣

削。 (　　)

59. 用端面铣削的方法铣出的平面,其平面度主要决定于铣床主轴轴线与进给方向的垂直度。 (　　)

60. 端面铣削时,若铣床主轴与进给方向不垂直,则相当于用一个倾斜的圆环将工件表面切出一个中凸的表面。 (　　)

61. 铣削球面时,由于工件与夹具不同轴,会使加工出的球面半径不符合要求。(　　)

62. 圆柱面上的一条螺旋线与该圆柱面的一条直素线的两个相邻交点之间的距离叫作导程。 (　　)

63. 加工直齿条时,每铣完一条齿槽,工作台需移动一个齿距,称为移距。 (　　)

64. 在铣床上加工齿轮,主要适用于精度不高的单件和小批量生产,其中尤以加工直齿锥齿轮较多。 (　　)

65. 铣削锥齿轮时,应根据当量齿轮的齿数(当量齿数)来选择刀号。 (　　)

66. 锥齿轮铣刀的厚度按被加工锥齿轮的小端制造,且应比小端的齿后稍薄一些。
 (　　)

67. 铣刀的主切削刃是由前刀面和后刀面相交而成的,它直接切入金属,担负着切除余量和形成加工表面的任务。 (　　)

68. 铣削平面,尤其是较大平面和大平面时,一般选用端铣刀,最好采用可转位端铣刀。
 (　　)

69. 选择合理的刀具几何角度以及适当的切削用量都能大大提高刀具的使用寿命。
 (　　)

4　磨床测试题

一、选择题

1. 尺寸公差是(　　)。
 A. 绝对值　　　　B. 正值　　　　　C. 整数
2. H7/h6 属(　　)配合。
 A. 间隙　　　　　B. 过渡　　　　　C. 过盈
3. 常用的金刚石砂轮磨削(　　)。
 A. 40Gr　　　　B. 硬质合金　　　C. 45　　　　　D. Q235
4. 外圆磨削时,横向进给量一般取(　　)mm。
 A. 0.001～0.004　B. 0.005～1　　C. 0.05～1　　D. 0.005～0.05
5. 下列各钢号中,属于结构钢的是(　　)。
 A. Cr12Mo　　　B. Q235-A　　　C. 40Gr　　　　D. 60Si2Mn
6. 在磨削平面是,应以(　　)的表面作为第一定位基准。
 A. 表面粗糙度值较小　　　　　　B. 表面粗糙度值较大
 C. 与表面粗糙度无关　　　　　　D. 平面度误差较大
7. 砂轮圆周速度很高,外圆磨削和平面磨削时其转速一般为(　　)m/s。

A. 10～15　　　　　B. 20～25　　　　　C. 30～35　　　　　D. 40～45
8. 磨削过程中,磨粒与工件表面材料接触的瞬间为(　　)变形的第一阶段。
  A. 滑移　　　　　　B. 塑性　　　　　　C. 挤裂　　　　　　D. 弹性
9. 同轴度属于(　　)公差。
  A. 形状　　　　　　B. 定位　　　　　　C. 定向　　　　　　D. 跳动
10. 在平面磨削时,如提高工作台纵向进给速度,则生产效率将会(　　)。
  A. 降低　　　　　　B. 提高　　　　　　C. 不变　　　　　　D. 或降低或提高
11. 垂直于切削刃在基面上投影的平面,称为(　　)。
  A. 副剖面　　　　　B. 横剖面　　　　　C. 主剖面　　　　　D. 纵剖面
12. 渗碳的目的是提高钢表面的硬度和耐磨性,而(　　)仍保持韧性和高塑性。
  A. 组织　　　　　　B. 心部　　　　　　C. 局部　　　　　　D. 表面
13. (　　)是表示砂轮内部结构松紧程度的参数。
  A. 砂轮组织　　　　B. 砂轮粒度　　　　C. 砂轮硬度　　　　D. 砂轮强度
14. 砂轮不平衡所引起的振动和电动机的振动称为(　　)。
  A. 自激　　　　　　B. 剧烈　　　　　　C. 强迫　　　　　　D. 互激
15. 磨削薄壁套筒内孔时,夹紧力方向最好为(　　)。
  A. 任意　　　　　　B. 径向　　　　　　C. 轴向　　　　　　D. 倾斜方向
16. 在低粗糙度磨削时,砂轮以(　　)为主。
  A. 切削　　　　　　B. 挤压　　　　　　C. 挤压　　　　　　D. 摩擦
17. 在磨削时,若横向进给力始终不变,则称这种磨削为(　　)磨削。
  A. 高速　　　　　　B. 横向　　　　　　C. 横压力　　　　　D. 纵向
18. (　　)主要是通过增大砂轮的切削深度和降低工作台纵向进给速度的方法来实现的。
  A. 恒压力磨削　　　B. 高速磨削　　　　C. 缓进深切磨削　　D. 切入磨削
19. (　　)对零件的耐磨性、抗蚀性、疲劳强度等有很大影响。
  A. 波度　　　　　　B. 表面粗糙度　　　C. 形状精度　　　　D. 平整度
20. 普通磨床顶尖的角度为(　　)。
  A. 45°　　　　　　 B. 120°　　　　　　C. 60°　　　　　　 D. 90°
21. 使工件相对刀具占有一个正确位置的夹具装置称为(　　)。
  A. 夹紧装置　　　　B. 对刀装置　　　　C. 定位装置　　　　D. 辅助装置
22. 机床(　　)是指在切削力作用下,机床部件抵抗变形的能力。
  A. 刚度　　　　　　B. 硬度　　　　　　C. 强度　　　　　　D. 韧性
23. 在主剖面内,后刀面与切削平面之间的夹角称为(　　)。
  A. 前角　　　　　　B. 后角　　　　　　C. 主偏角　　　　　D. 副偏角
24. 磨削过程中,工件上被磨去的金属体积与砂轮磨损体积之比称为(　　)。
  A. 磨削比　　　　　B. 金属切除率　　　C. 磨损比　　　　　D. 磨耗率
25. 磨床在工作过程中,由于热源的影响,将产生(　　)。
  A. 压缩变形　　　　B. 热变形　　　　　C. 弹性变形　　　　D. 塑性变形
26. 镜面磨削除了可以提高圆度外还可(　　)。
  A. 提高工件的圆柱度　　　　　　　　　B. 减少工件的波纹度

C. 纠正工件的直线度　　　　　　　　D. 减小工件表面粗糙度值

27. 工件形状复杂、技术要求高、工序长，所以磨削时余量应取（　　）。
    A. 大些　　　B. 小些　　　C. 任意　　　D. 标准值
28. 经过氮化的轴类工件，其磨削余量应取（　　）。
    A. 少些　　　B. 标准值　　C. 任意值　　D. 多些
29. 磨床液压系统中，工作台停留时间的长短，主要与（　　）有关。
    A. 换向阀　　B. 停留阀　　C. 节流阀　　D. 磨耗阀
30. 外圆磨床的液压系统中，换向阀第一次快跳是为了使工作台（　　）。
    A. 迅速启动　B. 预先启动　C. 迅速制动　D. 预先制动
31. 外圆磨削时，作用在工件上的磨削力有三个分力，它们由大到小的顺序是（　　）。
    A. 径向力、切向力、轴向力　　　B. 切向力、轴向力、径向力
    C. 轴向力、径向力、切向力　　　D. 径向力、轴向力、切向力
32. 工件主要以长圆柱面定位时，应限制其（　　）个自由度。
    A. 三　　　　B. 四　　　　C. 一　　　　D. 二
33. MM1420所代表的磨床类型是（　　）。
    A. 外圆磨床　B. 曲轴磨床　C. 内圆磨床　D. 花键磨床
34. 铸铁零件的精密磨削和超精密磨削时，应选用（　　）砂轮。
    A. 金刚石　　B. 刚玉类　　C. 陶瓷　　　D. 碳化硅类
35. 磨床的（　　）精度是保证加工精度的最基本条件。
    A. 传动　　　B. 几何　　　C. 定位
36. （　　）主轴的回转精度直接影响工件的表面粗糙度。
    A. 头架　　　B. 砂轮　　　C. 工作台
37. 工作台移动的直线度和倾斜度误差，对修整后砂轮的（　　）工作面影响很大。
    A. 端面　　　B. 圆周　　　C. 成形
38. 外圆磨床砂轮的热变形，会使主轴的中心向上偏移，破坏头架主轴与砂轮主轴的（　　）。
    A. 垂直度　　B. 平行度　　C. 圆柱度　　D. 等高度
39. 增大（　　）可以减小磨屑厚度。
    A. 砂轮圆周速度　B. 背吃刀量　C. 工件圆周（进给）速度
40. 高速磨削时进给量加大，砂轮的粒度应比普通磨削时所用砂轮粒度（　　）。
    A. 粗　　　　B. 细　　　　C. 相同
41. 磨削外圆时，若工件表面出现直波形振纹或表面粗糙度值增高，则表明砂轮（　　）。
    A. 磨钝　　　B. 硬度低　　C. 粒度粗
42. 外圆磨削的主运动是（　　）。
    A. 工件的圆周进给运动
    B. 砂轮的高速旋转运动
    C. 工件的纵向进给运动
43. 当砂轮直径变小时，会出现磨削质量下降的现象，是由于砂轮圆周速度（　　）的缘故。
    A. 提高　　　B. 不变　　　C. 下降

44. 当砂轮与工件的接触面较大时,为避免工件烧伤和变形,应选择(　　)的砂轮。
   A. 粗粒度、较低硬度
   B. 粗粒度、较高硬度
   C. 细粒度、较高硬度

45. 磨削小直径深孔时,为了减少砂轮的"让刀"现象,砂轮的宽度可选择(　　)。
   A. 宽些　　　　　B. 窄些　　　　　C. 不变　　　　　D. 任意

46. 在万能工具磨床上刃磨螺旋槽滚刀的前刀面时,一定要用砂轮的(　　),以避免产生干涉。
   A. 平端面　　　　B. 侧面　　　　　C. 锥面

47. 砂轮轴向窜动量大,工件会出现(　　)。
   A. 直波形振痕　　B. 螺旋线痕迹　　C. 不规则波纹

48. 采用(　　)传动,可以使磨床运动平稳,并实现较大范围内的无级变速。
   A. 齿轮　　　　　B. 带　　　　　　C. 液压

49. 乳化液一般取质量分数为(　　)的乳化油和水配制而成。
   A. 2%~5%　　　B. 5%~10%　　　C. 10%~20%

50. 磨削细长轴工件前应增加校直和(　　)的热处理工序。
   A. 淬火　　　　　B. 调质　　　　　C. 消除应力

51. 外圆磨削的主运动为(　　)。
   A. 工件的圆周进给运动　　　　　B. 砂轮的高速旋转运动
   C. 砂轮的横向运动　　　　　　　D. 工件的纵向运动

52. (　　)内圆磨削是指磨削时,工件固定不转,砂轮除了绕自身的轴线高速旋转外,还绕所磨孔的中心线以较低速度旋转实现圆周进给。
   A. 行星式　　　　B. 无心　　　　　C. 中心型　　　　D. 无心和行星式

53. 砂轮对工件有切削、刻划、摩擦抛光三个作用,精密磨削时砂轮以(　　)为主。
   A. 切削　　　　　B. 摩擦抛光　　　C. 刻划　　　　　D. 切削和刻划

54. 将金属或合金加热到适当温度,保持一定时间,然后缓慢冷却的热处理工艺称为(　　)。
   A. 回火　　　　　B. 时效处理　　　C. 退火

55. M7120A型平面磨床的工作台运动速度采用(　　)节流调速。
   A. 进油　　　　　B. 回油　　　　　C. 进回油双重

59. 当磨削工件表面出现微熔金属的涂抹点时,(　　)对表面粗糙度的影响最为严重。
   A. 磨削速度　　　B. 纵向进给量　　C. 背吃刀量

60. 螺纹磨削时,工件的旋转运动和工作台的移动保持一定的展成关系,即工件每转一周工作台相应移动一个(　　)。
   A. 导程　　　　　B. 大径　　　　　C. 螺距　　　　　D. 中径

61. 磨削螺纹的单线法系(　　)磨法,螺距精密度主要取决于机床传动精度。
   A. 横　　　　　　B. 纵　　　　　　C. 周向　　　　　D. 旋转

62. 构成砂轮结构的三要素是(　　)。
   A. 磨料、结合剂、网状空隙　　　　B. 粒度、强度、硬度
   C. 形状、尺寸、组织　　　　　　　D. 磨粒、形状、硬度

63. 刀具磨损过程的三个阶段中,作为切削加工应用的是( )阶段。
    A. 初期磨损　　　B. 正常磨损　　　C. 急剧磨损　　　D. 后期磨损
64. 用多线砂轮磨削螺纹时,当砂轮完全切入牙深后,工件回转( )以后即可磨出全部螺纹牙形。
    A. 一周　　　　　B. 一周半　　　　C. 两周
65. 磨削螺纹的展成运动是使工件的旋转运动和( )保持一定的展成关系。
    A. 砂轮的纵向运动
    B. 砂轮的旋转运动
    C. 工作台的移动
66. 砂轮的粒度对磨削工件的( )和磨削效率有很大的影响。
    A. 尺寸精度　　　B. 表面粗糙度　　C. 几何精度
67. 刃磨圆柱铣刀后刀面时,杯形砂轮端面应修整成( )。
    A. 内凹形　　　　B. 内锥形　　　　C. 内凸形
68. 刃磨绞刀前刀面时,碟形砂轮端面应修整成( )。
    A. 内凹形　　　　B. 内锥形　　　　C. 内凸形
69. 刀具材料的硬度越高,耐磨性( )。
    A. 越差　　　　　B. 越好　　　　　C. 不变　　　　　D. 消失
70. 磨削薄片工件时,应选择( )的背吃刀量。
    A. 较大　　　　　B. 较小　　　　　C. 中等
71. 磨削齿轮内孔时,工件应以( )圆作为定位基准。
    A. 齿顶　　　　　B. 分度　　　　　C. 齿根　　　　　D. 基圆
72. 磨削机床主轴时,为了保证各挡外圆与轴承挡外圆的同轴度及径向圆跳动的公差,采用( )的原则。
    A. 互为基准　　　B. 自为基准　　　C. 基准统一
73. 对同轴度要求较高的零件,一般都采取( )的方法来保证内、外圆的同轴度要求。
    A. 自为基准　　　B. 基准统一　　　C. 互为基准
74. 当工件加工余量较小而均匀时,可采用( )的定位方法。
    A. 基准统一　　　B. 自为基准　　　C. 互为基准
75. 无心磨削时导轨速度太低,砂轮粒度过细,硬度过高,纵向进给量过大以及冷却液不足等都会使工件表面( )。
    A. 产生振痕　　　B. 粗糙度值增大　　C. 烧伤　　　　　D. 凹槽
76. 磨削球墨铸铁、高磷铸铁、不锈钢、超硬高速钢、某些高温耐热合金时,采用( )刚玉砂轮效果最高。
    A. 单晶　　　　　B. 微晶　　　　　C. 锆钕　　　　　D. 多晶
77. 磨削板类工件时,应防止装夹变形,可采用( )的定位方法。
    A. 基准统一　　　B. 自为基准　　　C. 互为基准
78. 要求磨削后变形极小,并能在相当长的时间内保持其原始精度的零件,粗磨( )要进行时效处理。
    A. 前　　　　　　B. 中间　　　　　C. 后

79. 砂轮的不平衡量是指质量与（　　）的乘积。
    A. 偏重　　　　B. 偏心距　　　　C. 角速度
80. 磨削主轴锥孔时,磨床头架主轴必须通过（　　）连接来传动工作。
    A. 弹性　　　　B. 挠性　　　　C. 刚性　　　　D. 线性

二、判断题
1. 新安装的砂轮,一般只需做一次静平衡后即可进行正常磨削。（　　）
2. 陶瓷结合剂一般可用于制造薄片砂轮。（　　）
3. 磨削抗拉强度较低的材料时,可选择黑色碳化硅砂轮。（　　）
4. 工件表面烧伤现象实际是一种由磨削热引起的局部退火现象。（　　）
5. 40号机械油的润滑黏度大于20号机械油的润滑黏度。（　　）
6. 内圆磨削所用的砂轮硬度,通常比外圆磨用的砂轮硬度软1～2小级。（　　）
7. 关节轴承的配合表面指内圆、外圆。（　　）
8. 内圆磨削产生喇叭口,主要原因是砂轮磨钝。（　　）
9. 砂轮的安全线速度一般为30 m/s。（　　）
10. $\varnothing 25_0^{+0.021}$ 的工件,它的尺寸公差为+0.021。（　　）
11. 投影法分为垂直投影法和平行投影法两大类。（　　）
12. 位置公差是指关联实际要素的位置对基准所允许的变动全量。（　　）
13. 杠杆式百分表的测杆轴线与被测表面的角度可任意选择。（　　）
14. 螺纹传动不但传动平稳,而且能传递较大的动力。（　　）
15. 前刀面与基面间的夹角称为前角,其作用是减少切削变形,使切削液容易流出。
（　　）
16. 两台功率相同的异步电动机,甲电机的转速是乙电机的2倍,则甲电机的转矩是乙电机的一半。（　　）
17. 用电流表测量电流时,应将电流表与被测电路连接成并联方式。（　　）
18. 切入式磨削内球面时,可采用橡胶结合剂的砂轮。（　　）
19. 通过划线确定加工时的最后尺寸,在加工过程中,应通过加工来保证尺寸准确。
（　　）
20. 用基本视图表达零件结构时,其内部的结构被遮盖部分的结构形状都用虚线表示。
（　　）

5　数控机床测试题

一、选择题
1. 采用经济型数控系统的机床不具有的特点是（　　）。
    A. 采用步进电动机伺服系统　　　　B. CPU可采用单片机
    C. 只配必要的数控功能　　　　　　D. 必须采用闭环控制系统
2. 根据控制运动方式不同,机床数控系统可分为（　　）。
    A. 开环控制系统、闭环控制系统和半闭环控制系统

B. 点位控制系统和连续控制系统
C. 多功能数控系统和经济型数控系统
D. NC 系统和 CNC 系统

3. 数控机床的优点是（　　）。
   A. 加工精度高、生产效率高、工人劳动强度低、可加工复杂面、减少工装费用
   B. 加工精度高、生产效率高、工人劳动强度低、可加工复杂面、工时费用低
   C. 加工精度高、专用于大批量生产、工人劳动强度低、可加工复杂面、减少工装费用
   D. 加工精度高、生产效率高、对操作人员的技术水平要求高、可加工复杂型面、减少工装费用

4. CNC 系统一般可用几种方式得到工件加工程序，其中 MDI 是（　　）。
   A. 利用磁盘机读入程序　　　　　B. 从串行通信接口接收程序
   C. 利用键盘以手动方式输入程序　D. 从网络通过 Modem 接收程序

5. 所谓联机诊断，是指数控计算机中的（　　）。
   A. 远程诊断能力　B. 自诊断能力　C. 脱机诊断能力　D. 通信诊断能力

6. 有四种 CNC 系统或者数控机床，根据 MTBF 指标，它们中可靠性最好的是（　　）。
   A. MTBF = 1 000 h　　　　　　B. MTBF = 2 500 h
   C. MTBF = 5 000 h　　　　　　D. MTBF = 70 000 h

7. 数控机床进给系统采用齿轮传动副时，应该有消隙措施，其消除的是（　　）。
   A. 齿轮轴向间隙　B. 齿顶间隙　C. 齿侧间隙　D. 齿根间隙

8. 数控机床进给系统的机械传动结构中，结构最简单的导轨（　　）。
   A. 静压导轨　　　B. 滚动导轨　　C. 塑料导轨　　D. 气动导轨

9. 柔性制造单元最主要设备（　　）。
   A. 加工中心　　　　　　　　　　B. 自适应控制机床
   C. 自动交换工件装置　　　　　　D. 数控机床

10. 程序编制中首件试切的作用是（　　）。
    A. 检验零件图样设计的正确性
    B. 检验零件工艺方案的正确性
    C. 检验程序单及控制介质的正确性，综合检验所加工的零件是否符合图样要求
    D. 测试数控程序的效率

11. CNC 系统中的 PLC 是（　　）。
    A. 可编程序逻辑控制器　　　　B. 显示器
    C. 多微处理器　　　　　　　　D. 环形分配器

12. 静压导轨的摩擦系数约为（　　）。
    A. 0.05　　　B. 0.005　　　C. 0.000 5　　　D. 0.5

13. 对于配有设计完善的位置伺服系统的数控机床，其定位精度和加工精度主要取决于（　　）。
    A. 机床机械结构的精度　　　　B. 驱动装置的精度
    C. 位置检测元器件的精度　　　D. 计算机的运算速度

14. 感应同步器定尺绕组中感应的总电动势是滑尺上正弦绕组和余弦绕组所产生的感应电动势的（　　）。

A. 代数和　　　　B. 代数差　　　　C. 矢量和　　　　D. 矢量差
15. 在进给位置伺服系统中，UDC 是指（　　）。
　　A. 脉冲/相位变换器　　　　　　B. 鉴相器
　　C. 可逆计数器　　　　　　　　D. 同步电路
16. 按国家标准"数字控制机床位置精度的评定方法"（GB10931—89）规定，数控坐标轴定位精度的评定项目有三项，（　　）不是标准中所规定的。
　　A. 坐标轴的原点复归精度　　　　B. 轴线的定位精度
　　C. 轴线的反向差值　　　　　　D. 轴线的重复定位精度
17. CNC 系统一般可用几种方式得到工件加工程序，其中 MDI 是（　　）。
　　A. 利用磁盘机读入程序　　　　B. 从串行通信接口接收程序
　　C. 从网络通过 Modem 接收程序　D. 利用键盘以手动方式输入程序
18. 闭环位置控制系统的检测元件安装在（　　）。
　　A. 运动驱动电机上　　　　　　B. 机械传动元件上
　　C. 运动执行元件上　　　　　　D. 运动执行元件、机床固定元件上
19. 程序加工过程中，实现暂时停止的指令是（　　）。
　　A. M00　　　　B. M01　　　　C. M30　　　　D. M02
20. 在数控程序中，G00 指令命令刀具快速到位，但是在应用时（　　）。
　　A. 必须有地址指令
　　B. 不需要地址指令
　　C. 地址指令可有可无
21. 车削精加工时，最好不选用（　　）。
　　A. 低浓度乳化液　B. 高浓度乳化液　C. 切削油
22. 车刀伸出的合理长度一般为刀杆厚度为（　　）。
　　A. 1.5～3 倍　　B. 1～1.5 倍　　C. 1～0.5 倍
23. 车端面时，当刀尖中心低于工件中心时，易产生（　　）。
　　A. 表面粗糙度太高
　　B. 端面出现凹面
　　C. 中心处有凸面
24. 为了选择米制、增量尺寸进行编程，应使用的 G 代码指令为（　　）。
　　A. G20 G90　　B. G21 G90　　C. G20 G91　　D. G21 G91
25. 下列代码指令中，在程序里可以省略、次序颠倒的代码指令是（　　）。
　　A. O　　　　　B. G　　　　　C. N　　　　　D. M
26. 以下辅助机能代码中常用于作为主程序结束的代码是（　　）。
　　A. M30　　　　B. M98　　　　C. M07　　　　D. M05
27. 粗加工时哪种切削液更合适（　　）。
　　A. 水　　　　　B. 低浓度乳化液　C. 高浓度乳化液
28. 卧式加工中心各坐标之间的垂直度检测时所用工具是（　　）加千分表。
　　A. 主轴心棒　　B. 90 度角尺　　C. 精密方箱　　D. 水平仪
29. 表示固定循环功能的代码有（　　）。
　　A. G80　　　　B. G83　　　　C. G94　　　　D. G02

30. 零件轮廓中各几何元素间的联结点称为(　　)。
    A. 交点　　　　B. 节点　　　　C. 基点　　　　D. 切点
31. 下例说法哪一种是正确的(　　)。
    A. 执行 M01 指令后,所有存在的模态信息保持不变
    B. 执行 M01 指令后,所有存在的模态信息可能发生变化
    C. 执行 M01 指令后,以前存在的模态信息必须重新定义
    D. 执行 M01 指令后,所有存在的模态信息肯定发生变化
32. 与程序段号的作用无关的是(　　)。
    A. 加工步骤标记　　B. 程序检索　　C. 人工查找　　D. 宏程序无条件调用
33. 在编制加工程序时,如果需要加延时的单位是秒,准备功能 G04 后面跟着的相对应的地址是(　　)。
    A. B　　　　B. C　　　　C. S　　　　D. X
34. 在编制加工程序时,如果需要采用公制单位,准备功能后面跟着的相对应的进给地址是(　　)。
    A. C　　　　B. F　　　　C. S　　　　D. X
35. 采用极坐标编程时,$X-Y$ 平面零度角的规定是在(　　)。
    A. X 轴的负方向　　　　B. X 轴的正方向
    C. Y 轴的正方向　　　　D. Y 轴的负方向
36. 能取消零点偏置的准备功能有(　　)。
    A. G90　　　　B. G40　　　　C. G53　　　　D. G57
37. 在一个程序段中同时出现同一组的若干个 G 指令时(　　)。
    A. 计算机只识别第一个 G 指令　　B. 计算机只识别最后一个 G 指令
    C. 计算机无法识别　　　　　　　　D. 计算机仍然可自动识别
38. 子程序结束的程序代码是(　　)。
    A. M02　　　　B. M99　　　　C. M19　　　　D. M30
39. 圆弧插补编程时,半径的取值与(　　)有关。
    A. 圆弧的相位　　B. 圆弧的角度　　C. 圆弧的向　　D. A、B、C 都有关系
40. 可用作直线插补的准备功能代码是(　　)。
    A. G01　　　　B. G03　　　　C. G02　　　　D. G04
41. 用于深孔加工的固定循环的指令代码是(　　)。
    A. G81　　　　B. G82　　　　C. G83　　　　D. G85
42. 在进行圆弧插补时,圆弧的起始位置是否必须在圆弧插补前输入?(　　)。
    A. 不用　　　　　　　　　　B. 必须
    C. 既可输入也可手动开到位　　D. 视情况而定
43. 辅助功能 M00 的作用是(　　)。
    A. 有条件停止　　B. 无条件停止　　C. 程序结束　　D. 单程序段
44. 辅助功能 M01 的作用是(　　)。
    A. 有条件停止　　B. 无条件停止　　C. 程序结束　　D. 单程序段
45. 在编制攻丝程序时应使用的固定循环指令代码是(　　)。
    A. G81　　　　B. G83　　　　C. G84　　　　D. G85

46. 在加工内圆弧面时,刀具半径的选择应该是( )圆弧半径。
    A. 大于　　　　　B. 小于　　　　　C. 等于　　　　　D. 大于或等于
47. 在( )情况下加工编程必须使用G03指令?
    A. 直线插补　　　B. 圆弧插补　　　C. 极坐标插补　　D. 逆时针圆弧插补
48. 某一段程序 N70 G00 G90 X80 Z50;N80 X50 Z30;说明:( )。
    A. 执行完N80后,X轴移动50MM,Z轴移动30MM
    B. 执行完N80后,X轴移动30MM,Z轴移动30MM
    C. 执行完N80后,X轴移动30MM,Z轴移动20MM
    D. 执行完N80后,X轴移动50MM,Z轴移动20MM
49. 下列哪种加工过程会产生过切削现象?( )
    A. 加工半径小于刀具半径的内圆弧
    B. 被铣削槽底宽小于刀具直径
    C. 加工比此刀具半径小的台阶
    D. 以上均正确
50. 刀具暂停ISO的正确指令形式为( )。
    A. G04 X1.0　　B. G04 P1000　　C. A、B均正确　　D. 无正确答案
51. 加工中心最突出的特点是( )。
    A. 工序集中　　　　　　　　　　B. 对加工对象适应性强
    C. 加工精度高　　　　　　　　　D. 加工生产率高
52. 在CNC系统中,插补功能的实现通常采用:( )。
    A. 全部硬件实现
    B. 粗插补由软件实现,精插补由硬件实现
    C. 粗插补由硬件实现,精插补由软件实现
    D. 无正确答案
53. 某控制系统,控制刀具或工作台以给定的速度沿平行于某一坐标轴方向,由一个位置到另一个位置精确定位,此种控制方式属于( )。
    A. 点位控制　　B. 点位直线控制　　C. 轨迹控制　　D. 无正确答案
54. 粗加工和半精加工中的刀具半径补偿值为( )。
    A. 刀具半径值　　　　　　　　　B. 精加工余量
    C. 刀具半径值与精加工余量之和　D. 无正确答案
55. 下列哪种伺服系统的精度最高:( )。
    A. 开环伺服系统　　　　　　　　B. 闭环伺服系统
    C. 半闭环伺服系统　　　　　　　D. 闭环、半闭环系统
56. 直流伺服电动要适用于( )伺服系统中。
    A. 开环,闭环　　B. 开环,半闭环　　C. 闭环,半闭环　　D. 开环
57. 通过半径为圆弧编制程序,半径取负值时刀具移动角应( )。
    A. 大于等于180度　　　　　　　B. 小于等于180度
    C. 等于180度　　　　　　　　　D. 大于180度
58. ( )表示程序停止,若要继续执行下面程序,需按循环启动按钮。
    A. M00　　　　　B. M01　　　　　C. M99　　　　　D. M98

59. FANUC 系统调用子程序指令为（　　）。
　　A. M99　　　　B. M06　　　　C. M98PXXXXX　　D. M03
60. G28 X(U)_Z(W)_;中 X(U)和 Z(W)后面的数值是（　　）的坐标。
　　A. 参考点　　　B. 中间点　　　C. 目标点　　　D. 工件原点
61. G32 螺纹车削中的 F 为（　　）。
　　A. 螺距　　　　B. 导程　　　　C. 螺纹高度　　　D. 每分钟进给速度
62. 数控机床 X,Z 轴是用（　　）原则建立的。
　　A. 右手直角坐标系　　　　　　　B. 左手直角坐标系
　　C. 平面坐标系　　　　　　　　　D. 立体坐标系
63. 当使用恒线速度切削时，G50 S2000;2000 代表（　　）。
　　A. 主轴最高转速限定　　　　　　B. 最高切削速度
　　C. 主轴最低转速　　　　　　　　D. 切削速度
64. G00 U-20 W60;其中 U 和 W 后面的数值是现在点与目标点的（　　）。
　　A. 大小　　　　B. 长度　　　　C. 距离与方向　　D. 速度的方向
65. 进给速度 F 的单位为（　　）。
　　A. m/min　　　B. mm/min　　　C. r/min　　　　D. mm/r 或 mm/min
66. G97 S_;其中 S 后面的数值表示（　　）。
　　A. 转数　　　　B. 切削速度　　　C. 进给速度　　　D. 移动速度
67. 数控车床应尽可能使用（　　）以减少换刀时间和方便对刀。
　　A. 焊接车刀　　B. 回转刀具　　　C. 机夹车刀　　　D. 成型车刀
68. 径向切槽或切断可用（　　）。
　　A. G71　　　　B. G72　　　　C. G73　　　　D. G75
69. 工件安装在卡盘上，机床坐标与工件坐标系是不重合的，为便于编程，应在数控系统中建立一个（　　）坐标系。
　　A. 工件　　　　B. 机械　　　　C. 机床　　　　D. 程序
70. 增量指令是用各轴的（　　）直接编程的方法，称为增量编程法。
　　A. 移动量　　　B. 进给量　　　C. 切削量　　　　D. 坐标值
71. 螺纹加工时应注意在两端设置足够的升速进刀段 $δ_1$ 和降速退刀段 $δ_2$ 其数值由主轴转速和（　　）来确定。
　　A. 螺纹导程　　B. 螺距　　　　C. 进给率　　　　D. 进给速度
72. 建立刀尖圆弧半径补偿和撤销补偿程序段一定不能是（　　）。
　　A. G00 程序段　B. G01 程序段　C. 圆弧指令程序段　D. 循环程序段
73. 右手直角坐标系中的拇指表示（　　）轴。
　　A. X 轴　　　B. Y 轴　　　C. Z 轴　　　D. W 轴
74. 数控机床的主轴是（　　）坐标轴。
　　A. X 轴　　　B. Y 轴　　　C. Z 轴　　　D. U 轴
75. M09 表示（　　）。
　　A. 冷却液开　　B. 冷却液关　　C. 夹紧　　　　D. 松开
76. 前刀架使用刀具半径补偿车削内径，刀具向床头进刀时用（　　）指令。
　　A. G40　　　　B. G41　　　　C. G42　　　　D. G43

77. 程序段号为 G98 G01 W-100 F30,则刀具移动时的进速为(　　)。
　　A. 30 mm/r　　B. 30 mm/min　　C. 30 m/r　　D. 30 m/min
78. 全机能高速数控车床在自动工作状态,当换刀时,刀盘实现(　　)转位换刀。
　　A. 顺时针　　B. 逆时针　　C. 快速　　D. 就近
79. 数控车床 Z 轴的负方向指向(　　)。
　　A. 操作者　　B. 主轴轴线　　C. 床头箱　　D. 尾架
80. 在主轴恒功率区主轴扭矩随主轴转速的降低而(　　)。
　　A. 升高　　B. 降低　　C. 不变　　D. 变化

二、判断题
1. G96 S300 表示到消恒线速,机床的主轴每分钟旋转 300 转。(　　)
2. 数控机床各坐标轴进给运动的精度极大影响到零件的加工精度,在闭环和半闭环进给系统中,机械传动部件的特性对运动精度没有影响。(　　)
3. 数控机床坐标系中可用 X、Y、Z 坐标任一个表示数控机床的主轴坐标。(　　)
4. 钻孔固定循环指令 G98,固定循环去消 G99。(　　)
5. 一个完整的零件加工程序由若干程序段组成,一个程序段由若干代码字组成。(　　)
6. 数控机床就本身的发展趋势是加工中心。(　　)
7. 滚珠丝杠螺母副的名义直径指的是滚珠中心圆直径。(　　)
8. 传动齿轮副可使低转速和大转矩的伺服驱动装置的输出变为高转速低转矩,从而可以适应驱动执行件的需要。(　　)
9. 在闭环系统中,位置检测装置的作用仅只是检测位移量。(　　)
10. 数控车削加工中心就是具有自动换刀装置的数控车床。(　　)
11. 数控机床中每个加工零件都有一个相应的程序。(　　)
12. 机床参考点可以与机床零点重合,也可以不重合,通过指定机床参考点到机床零点的距离。(　　)
13. 圆弧插补中,当用 I、J、K 来指定圆弧圆心时,I、J、K 的计算取决于数据输入方式是绝对还是增量方式。(　　)
14. G68 可以在多个平面内做旋转运动。(　　)
15. M02 是程序加工完成后,程序复位,光标能自动回到起始位置的指令。(　　)
16. 孔加工自动循环中,G98 指令的含义是使刀具返回初始平面。(　　)
17. 孔加工自动循环中,G99 指令的含义是使刀具返回参考平面。(　　)
18. 固定孔加工循环中,在绝对方式下定义 R 平面,其值是指 R 平面到孔底的增量值。(　　)
19. 数控机床机械系统的日常维护中,须每天检查液压油路。(　　)
20. 滚珠丝杠副消除轴向间隙的目的主要是提高使用寿命。(　　)
21. 数控加工中心 FANUC 系统中,M00 与 M01 最大的区别是 M01 要配合面板上的"选择停止"使用,而 M00 不用。(　　)
22. 在刀具切削钢件时,乳化液冷却方式是不宜采用的。(　　)
23. 选择铣削加工的主轴转速的依据是机床本身、工件材料、刀具材料、工件的加工精度和表面粗糙度综合考虑。(　　)

24. 测量反馈装置的作用是为了提高机床的安全性。（   ）
25. 如果要用数控机床钻直径为 5,深 100 mm 的孔时,钻孔循环指令应选择 G81。（   ）
26. 数控机床的坐标系采用右手法则判定 X、Y、Z 的方向。（   ）
27. 根据 ISO 标准,在编程时采用刀具相对静止而工件运动规则。（   ）
28. FANUC 数控系统中,M98 的含义是宏指令调用。（   ）
29. 数控铣床编程中,零件尺寸公差对编程影响铣刀的刀位点。（   ）
30. 数控卧式铣床 Z 轴是垂直主轴。（   ）
31. 程序原点又称为起刀点。（   ）
32. 定位的选择原则之一是尽量使工件的设计基准与工序基准不重合。（   ）
33. 对夹紧装置的要求之一是夹紧力允许工件在加工过程中小范围位置变化及震动。（   ）
34. 数控机床的环境温度应低于 60 ℃。（   ）
35. 加工中心的主轴在空间可作垂直和水平转换的称为卧式加工中心。（   ）
36. 滚珠丝杠具有良好的自锁特点。（   ）
37. 数控参考点可以与机床零点重合,也可以不重合,通过指定机床参考点到机床零点的距离。（   ）
38. 光栅是数控机床的位置检测元件,因它具有许多优点而被广泛地采用,但它的缺点是怕振动和油污。（   ）
39. G92 所设定的加工坐标原点是与当前刀具所在位置无关。（   ）
40. G92 X_Y_Z_ 使机床不产生任何运动。（   ）
41. 在铣削一个凹槽的拐角时,很容易产生过切。为避免这种现象的产生,通常采用的措施是提高进给速度。（   ）
42. 安全高度、起止高度、慢速下刀高度这三者关系是:起止高度＞慢速下刀高度＞安全高度。（   ）
43. 按照加工要求,被加工的工件应该限制的自由度没有被限制的定位为完全定位。这种定位是不允许的。（   ）
44. 在加工表面和加工工具不变的情况下,所连续完成的一部分工序内容,称为工步。（   ）
45. 一加工零件需进行任意分度加工,应选择铣削加工中心用的鼠牙盘式分度回转工作台。（   ）
46. 步进电动机伺服系统是典型的闭环伺服系统。（   ）
47. 机床的重复定位精度高,则加工的一批零件尺寸精度高。（   ）
48. 进给系统采用滚珠丝杠传动是因为滚珠丝杠消除了间隙的特点。（   ）
49. 数控机床的导轨如从其技术性能、加工工艺、制造成本等几方面综合考虑,滚动导轨为优先选用。（   ）
50. 数控铣床与加工中心相比,加工中心是一种备有刀库并能自动更换刀具,对工件进行多工序加工的数控机床。（   ）
51. 由加工设备、物流系统和信息系统三部分组成的高度自动化和高度柔性化制造系统,简称为 FMS。（   ）

52. 在车床上加工轴类零件,用三爪长盘安装工件,它的定位是五点定位。（   ）
53. 圆弧插补编程时,半径的取值与圆弧的角度、圆弧的方向有关。（   ）
54. 在进行圆弧插补时,圆弧的终点位置必须在圆弧插补指令中确定。（   ）
55. 在加工内圆弧面时,刀具半径的选择应该是大于或等于圆弧半径。（   ）
56. 通过半径为圆弧编制程序,半径取负值时刀具移动角应小于等于180度。（   ）
57. 光栅中,标尺光栅与指示光栅的栅线应相互平行。（   ）
58. 逐步比较插补法的四拍工作顺序为终点判别、偏差判别、进给控制、新偏差计算。
（   ）
59. 步进电机的转角、转速,旋转方向分别与输入脉冲频率、个数、通电顺序有关。
（   ）
60. 两两轴联动的机床称为两轴半数控机床。（   ）
62. 机床、刀具和夹具制造误差是工艺系统的误差。（   ）
63. 铣削封闭的内轮廓表面时,进刀方式应选择沿内轮廓表面的法向切入。（   ）
64. 粗加工、半精加工的刀具半径补偿值为刀具半径值与精加工余量之和。（   ）
65. 使用恒线速度切削工件可以提高尺寸精度。（   ）
66. 下刀位数控车床的 Y 坐标轴的正方向是朝下的。（   ）
67. 指令 G02(G03)I-10F50 表示在刀具现在点的右侧走一个 $R10$ 的整圆轨迹。
（   ）
68. 回零操作就是使运动部件回到机床坐标系原点。（   ）
69. 刀具位置补偿值就是刀具半径补偿值。（   ）
70. 对于数控铣床,回参考点操作,就是使刀具和工作台都回到机床坐标系的参考点。
（   ）

参 考 文 献

[1] 周翔.金属加工实训:钳工实训[M].北京:科学出版社,2010.

[2] 同长虹.钳工技能培训[M].北京:机械工业出版社,2009.

[3] 王英杰,韩伟.金工实训指导[M].北京:高等教育出版社,2005.

[4] 苏伟,朱红梅.模具钳工技能实训[M].北京:人民邮电出版社,2007.

[5] 李绍鹏,等.金工实训[M].长沙:国防科技大学出版社,2011.

[6] 余承辉,余嗣元.金工实训教材[M].合肥:合肥工业大学出版社,2006.

[7] 张海,于辉.机械制造基础训练[M].北京:中国标准出版社,2007.

[8] 何建民.铣工基本技能[M].北京:金盾出版社,2008.